Numerische Verfahren in Aktion 2

Ein Programmsystem für Matrizeneigenwertprobleme

von Wilgard Lang

Akademie-Verlag · Berlin

In zwangloser Folge werden Arbeiten publiziert, die die Software-Entwicklung für numerische Verfahren und Probleme der numerischen Verfahrenstechnik behandeln. Insbesondere sollen erprobte Algorithmen für numerische Berechnungen unterschiedlichster Art zusammengestellt werden. Dabei ist u. a. an folgende Themen gedacht:

— Lineare und nichtlineare Gleichungen, Ungleichungen und Funktionalgleichungen,
— Eigenwertprobleme,
— Approximation und Interpolation,
— numerische Integration,
— partielle Differentialgleichungen und Anfangs- und Randwertprobleme,
— Optimierungsprobleme,
— ausgewählte Probleme der Wahrscheinlichkeitsrechnung und mathematischen Statistik.

Die einzelnen Bände sind jeweils einem Thema gewidmet.

Sofern keine zwingenden Gründe dagegen sprechen, wird als Programmiersprache FORTRAN benutzt.

Die Beschreibung der entwickelten Programme wird so gestaltet, daß der Anwender daraus alle für ihn nötigen Informationen entnehmen kann.

Die Herausgeber nehmen gern Anregungen für die Weitergestaltung der Bände entgegen und denken dabei

— an Erfahrungen all derjenigen, die mit diesen Programmen arbeiten,
— an Vorschläge für zukünftige Themen und Autoren.

Entsprechende Hinweise werden an den Akademie-Verlag oder direkt an die Herausgeber erbeten.

Numerische Verfahren in Aktion 2

Numerische Verfahren in Aktion

---

herausgegeben von

Prof. Dr. V. Friedrich
Technische Hochschule Karl-Marx-Stadt

Prof. Dr. H. Hollatz
Technische Hochschule „Otto von Guericke" Magdeburg

Prof. Dr. H. Schwetlick
Martin-Luther-Universität Halle-Wittenberg

Band 2

Ein Programmsystem für Matrizeneigenwertprobleme

Ein Programmsystem für Matrizeneigenwertprobleme

von

Wilgard Lang

mit Anhängen von
B. Döhler, A. Meyer, L. Skurt und J. P. Sommer

Akademie-Verlag · Berlin 1982

Das Programmsystem wurde an der Sektion Mathematik der Technischen Hochschule Karl-Marx-Stadt von der Forschungsgruppe „Lineare Algebra" erarbeitet; an der Entwicklung waren beteiligt:

Dr. rer. nat. Arnd Meyer
Dr. rer. nat. Johann-Peter Sommer
Dipl.-Math. Bernd Döhler
Dipl.-Math. Gabriele Meinel
Dipl.-Math. Wolfgang Müller
Dr. rer. nat. Magdalene Meyer
Dipl.-Math. Matthias Pester
Dipl.-Math. Lothar Skurt
Dipl.-Math. Christine Konzack

Vom Manuskript des Autors gedruckt

Erschienen im Akademie-Verlag, DDR-1086 Berlin, Leipziger Straße 3—4
Lektor: Dr. Reinhard Höppner

Lizenznummer: 202 · 100/421/82
Umschlaggestaltung: Rolf Kunze
Gesamtherstellung: VEB Kongreß- und Werbedruck, 9273 Oberlungwitz
Bestellnummer: 763 008 5 (6580/2) · LSV 1065
Printed in GDR
DDR 25,— M

INHALT

Modulverzeichnis

Quelltexte

1. Einführung

Das in diesem Heft vorgestellte Programmsystem MEIWEP dient der Lösung von Matrizeneigenwertproblemen. In ihm sind Lösungsalgorithmen für Aufgabenstellungen des speziellen Eigenwertproblems für beliebige reelle und komplexe Matrizen enthalten.

Das Programmsystem soll Nutzern sowohl mit als auch ohne Spezialkenntnissen auf den Gebieten Numerische Mathematik und Rechentechnik die schnelle und unkomplizierte Lösung eines im Zusammenhang mit anderen Aufgaben auftretenden Eigenwertproblems ermöglichen. Bei der Nutzung des Programmsystems sind weder die Vorgabe eines Lösungsalgorithmus noch ein hoher zusätzlicher Programmieraufwand nötig. Entsprechend der Aufgabenstellung wird ein günstiger Algorithmus ausgewählt, so daß insgesamt für die Lösung des Problems eine möglichst geringe Rechenzeit benötigt wird.

Bei der Realisierung des Programmsystems wurde angestrebt, mit wenigen Algorithmen die Lösung der auftretenden Probleme zu erreichen, um dem Steuerungsaufwand bei der Algorithmenauswahl sinnvoll zu begrenzen. Das Hauptaugenmerk bei der Algorithmenauswahl ist darauf gerichtet, in möglichst geringer Rechenzeit numerisch stabile Lösungen und auf Wunsch des Nutzers auch Aussagen über die Genauigkeit der Lösung zu erhalten.

Das Programmsystem ist modular aufgebaut, und jeder Algorithmus im Programmsystem wird aus einzelnen Moduln, die Teilalgorithmen realisieren, zusammengestellt. Diese Struktur ermöglicht es, das Programmsystem sowohl als Ganzes mit seiner selbständigen Algorithmenauswahl als auch als Programmpaket, d. h. als eine Sammlung von Verarbeitungsmoduln zum Matrizeneigenwertproblem, zu nutzen. Die Moduln sind bezüglich ihrer Programm- und ihrer Datenstruktur aufeinander abgestimmt. Alle Programme sind als FORTRAN-Unterprogramme geschrieben und können als solche genutzt werden. Auch das gesamte Programmsystem kann als Unterprogramm in ein Nutzerprogramm aufgenommen werden.

Die Algorithmen des Programmsystems basieren auf den Algorithmen, die hauptsächlich in den Büchern von Wilkinson [16], Wilkinson, Reinsch [19] und im EISPACK-Guide [15] veröffentlicht sind. Auf diese Quellen wird bei den ausführlichen Beschreibungen nicht noch einmal besonders hingewiesen. Bei der Ausarbeitung des Programmsystems wurden umfangreiche theoretische Untersuchungen angestellt [4, 5] , um die Algorithmenauswahl automatisieren zu können und dabei zu erreichen, daß die berechneten Lösungen den exakten nahekommen und wenig Rechenzeit erforderlich ist. Für einige Aufgabenstellungen wurden spezielle Varianten von bekannten leistungsfähigen Algorithmen ausgearbeitet [4, 7, 16, 14]. Die dazugehörigen theoretischen Untersuchungen sind in Beiträgen dargestellt, die aus einem Heft der Wissenschaftlichen Schriftenreihe der THK [4] entnommen und im Anhang des vorliegenden Heftes enthalten sind.

Das Kapitel 2 ist einer Einführung in die theoretischen Grundlagen der verwendeten numerischen Algorithmen gewidmet, und im Kapitel 3 werden einige Besonderheiten des Programmsystems MEIWEP gegenüber dem Programmpaket EISPACK hervorgehoben.

Im Kapitel 4 des vorliegenden Heftes werden kurz die Aufgabenstellungen des speziellen Eigenwertproblems charakterisiert, die vom Programmsystem automatisiert gelöst werden, und Kapitel 5 enthält eine Übersicht über die Struktur des Programmsystems und seiner einzelnen Zweige für die verschiedenen Matrizentypen.

Die Möglichkeiten der Einordnung des Programmsystems in ein Nutzerprogramm und die Formulierung einer Nutzeraufgabe werden im Kapitel 6 erläutert.

Kapitel 7 umfaßt die Beschreibungen der Moduln des Programmsystems soweit ihre Nutzung auch außerhalb des Programmsystems möglich und sinnvoll ist. Ausführliche Beschreibungen sind in der Dokumentation des Programmsystems [6] enthalten.

Zur Veranschaulichung der Nutzungsmöglichkeiten sind im Kapitel 8 einige Anwendungsbeispiele zusammengestellt.

2. Mathematische Grundlagen der Lösungsalgorithmen

Das spezielle Eigenwertproblem für eine quadratische Matrix A besteht in der Aufgabe, die Werte λ zu finden, für die das homogene lineare Gleichungssystem

$$(A - \lambda I)x = 0$$

Lösungsvektoren x besitzt, die verschieden vom Nullvektor sind. Eine solche Lösung existiert genau dann, wenn

$$\det (A - \lambda I) = 0$$

gilt. Explizit geschrieben ist die Determinante der Matrix $A - \lambda I$ ein Polynom in λ, und zwar wird

$$\det (A - \lambda I) = p(\lambda) = (-1)^N(\lambda^N + a_{N-1}\lambda^{N-1} + \dots + a_0).$$

Ein Polynom N-ten Grades mit von Null verschiedenem Koeffizienten der höchsten Potenz besitzt genau N (reelle oder komplexe) Nullstellen, wenn jede entsprechend ihrer Vielfachheit gezählt wird.

Besitzt das Polynom $p(\lambda)$ N verschiedene Nullstellen λ_i, $i = 1,\ldots, N$, dann gibt es zu jeder dieser Nullstellen, es sind die Eigenwerte der Matrix A, genau einen Eigenvektor x_i. Es gilt also für alle i mit $1 \leq i \leq N$

$$Ax_i = \lambda_i x_i.$$

In Matrixschreibweise wird daraus

$$AX = XD, \tag{1}$$

wenn $X = (x_1 \; x_2 \; \ldots \; x_N)$ die Matrix der Eigenvektoren und $D = \operatorname{diag}(\lambda_1, \lambda_2, \ldots, \lambda_N)$ die Diagonalmatrix der Eigenwerte ist.

Für die Eigenvektoren x_i zu den Eigenwerten λ_i mit $\lambda_i \neq \lambda_j$ für $i \neq j$ gilt:

Mit x_i ist auch $t \cdot x_i$, t reelle oder komplexe Zahl, Eigenvektor der Matrix A zum Eigenwert λ_i.

Jedes System von Eigenvektoren $x_1, x_2, \ldots, x_N$ zu den Eigenwerten $\lambda_1, \lambda_2, \ldots, \lambda_N$ ist ein linear unabhängiges System von Vektoren; d. h., die Matrix X ist eine nichtsinguläre Matrix, und es existiert X^{-1}.

Damit kann die Gleichung (1) in der Form

$$X^{-1}AX = D \tag{2}$$

geschrieben werden. Umgekehrt kann gesagt werden: wenn eine nichtsinguläre Matrix X existiert, so daß (2) gilt und D eine Diagonalmatrix ist, so ist X die Matrix der Eigenvektoren der Matrix A zu den Eigenwerten, die durch die Diagonalelemente der Matrix D gegeben sind.

Jede Transformation einer Matrix A der Form $X^{-1}AX$ mit einer nichtsingulären Matrix X heißt Ähnlichkeitstransformation. Die Matrizen A und $X^{-1}AX$ besitzen die gleichen Eigenwerte:

$$\det(X^{-1}AX - \lambda I) = \det(X^{-1}(A - \lambda I)X) = \det X^{-1} . \det(A - \lambda I) \; . \det X$$
$$= \det(A - \lambda I).$$

Matrizen, die sich mit Hilfe von Ähnlichkeitstransformationen in Diagonalgestalt bringen lassen, heißen diagonalisierbar, auch wenn sie mehrfache Eigenwerte besitzen. Die Anzahl der linear unabhängigen Eigenvektoren zu einem mehrfachen Eigenwert heißt geometrische Vielfachheit des Eigenwertes. Sie stimmt im Fall diagonalisierbarer Matrizen mit der algebraischen Vielfachheit des Eigenwertes, das ist seine Vielfachheit als Nullstelle des charakteristischen Polynoms, überein.

Es gibt jedoch Matrizen, bei denen die Anzahl der linear unabhängigen Eigenvektoren zu einem mehrfachen Eigenwert kleiner ist als die algebraische Vielfachheit angibt. Solche Eigenwerte heißen defektiv, und auch die Matrix, die defektive Eigenwerte besitzt, wird defektiv genannt. Für eine defektive Matrix läßt sich keine Transformation entsprechend der Form (2) angeben. Es ist lediglich möglich, die Matrix A mit Hilfe einer nichtsingulären Matrix X in die sogenannte Jordansche Normalform zu transformieren:

$$X^{-1}AX = J. \tag{3}$$

J ist dabei eine Matrix, auf deren Hauptdiagonale "Jordanzellen" der Form

$$J_k = \begin{pmatrix} \lambda_1 & & & 0 \\ 1 & \lambda_1 & & \\ & \ddots & \ddots & \\ 0 & & 1 & \lambda_1 \end{pmatrix}$$

abhängig von der Vielfachheit des Eigenwertes und der Anzahl der zu diesem Eigenwert existierenden linear unabhängigen Eigenvektoren angeordnet sind.

Die Transformation in die Jordansche Normalform soll an einem Beispiel veranschaulicht werden. Es sei A eine Matrix der Dimension $N = 6$, die einen dreifachen defektiven, einen doppelten nichtdefektiven und einen einfachen Eigenwert besitzen soll. Es sei

$$\begin{aligned} Ax_1 &= \lambda_1 x_1, & Ax_4 &= \lambda_4 x_4, \\ Ax_2 &= \lambda_2 x_2, & Ax_5 &= \lambda_4 x_5 + x_4, \\ Ax_3 &= \lambda_2 x_3, & Ax_6 &= \lambda_4 x_6 + x_5, \end{aligned}$$

dann wird mit

$$X = (x_1\ x_2\ x_3\ x_4\ x_5\ x_6)$$

die Form (3) erzeugt. Die Matrix J hat die Gestalt

$$J = \begin{pmatrix} J_1(\lambda_1) & & & \\ & J_1(\lambda_2) & & \\ & & J_1(\lambda_2) & \\ & & & J_3(\lambda_4) \end{pmatrix} \text{ mit } J_1(\lambda_1) = (\lambda_1) \text{ und}$$

$$J_3(\lambda_4) = \begin{pmatrix} \lambda_4 & 0 & 0 \\ 1 & \lambda_4 & 0 \\ 0 & 1 & \lambda_4 \end{pmatrix}$$

Spezielle diagonalisierbare Matrizen sind die symmetrischen bzw. hermiteschen Matrizen. Sie besitzen nur reelle Eigenwerte und paarweise orthogonale Eigenvektoren. Wenn also $\lambda_1, \ldots, \lambda_N$ die Eigenwerte einer symmetrischen bzw. hermiteschen Matrix sind, gibt es Eigenvektoren $x_1, \ldots, x_N$, so daß

$$x_i^* x_j = \delta_{ij} \quad \text{für } 1 \leq i,j \leq N \text{ mit } \delta_{ij} = \begin{cases} 1 & \text{für } i = j \\ 0 & \text{für } i \neq j \end{cases}$$

gilt. Eine symmetrische bzw. hermitesche Matrix kann also mit Hilfe einer orthogonalen bzw. unitären Ähnlichkeitstransformation in Diagonalgestalt gebracht werden:

$$X^* AX = D.$$

Für beliebige Matrizen kann mit Hilfe unitärer Ähnlichkeitstransformationen lediglich Dreiecksgestalt erreicht werden (Satz von Schur). Eine Abwandlung dieses Satzes stellt die Aussage dar [9], daß sich jede reelle Matrix mit Hilfe orthogonaler Ähnlichkeitstransformationen in die sogenannte Murnaghan-Normalform überführen läßt; d. h., es existiert eine orthogonale Matrix Q so, daß

$$Q^T AQ = M = H + R,$$

wobei R eine obere Dreiecksmatrix mit Nullen auf der Hauptdiagonalen ist, und H ist eine Matrix, die auf der Hauptdiagonalen Blöcke der Gestalt

$$\operatorname{diag}(\lambda_j) \quad \text{oder} \quad \begin{pmatrix} \mu_j & \nu_j \\ -\nu_j & \mu_j \end{pmatrix}$$

enthält, die den reellen Eigenwerten λ_j oder den komplexen Eigenwerten $\mu_j \pm i\nu_j$ entsprechen. Die Matrix M ist also eine Blockdreiecksmatrix.

Auf den bisher dargelegten Tatsachen beruht ein großer Teil von Algorithmen zur Berechnung von Eigenwerten und Eigenvektoren. Ein Lösungsprinzip ist die Ausnutzung der Eigenschaft der Eigenwerte, Nullstellen des charakteristischen Polynoms der gegebenen Matrix zu sein und ein anderes, auf iterativem Wege eine Matrix X zu finden, mit deren Hilfe sich die gegebene Matrix in Diagonal- oder Blockdreiecksgestalt transformieren läßt.

Bei einem Teil der Verfahren, die zur ersten Gruppe gehören, werden die Koeffizienten des charakteristischen Polynoms der gegebenen Matrix mit unterschiedlichen Hilfsmitteln berechnet. Dazu wird zuerst die Matrix in eine für die Berechnung günstigere Form transformiert.

Nach der Berechnung der Koeffizienten müssen mittels geeigneter Verfahren die Nullstellen dieser Polynome bestimmt werden. Auf dieser Basis entstanden die Verfahren von Krylov, Hessenberg, Danilewski, Lanczos und anderen. Sie benötigen alle $O(N^3)$ wesentliche Operationen zur Berechnung der Koeffizienten des charakteristischen Polynoms. Wilkinson [18] analysiert diese Vorgehensweise ausführlich und stellt einige der genannten und andere Algorithmen dieses Typs gegenüber. Er zeigt dabei, daß diese Strategie wesentliche Nachteile besitzt: erstens ist der Aufwand für diese Verfahren vergleichsweise hoch, und zweitens können geringfügige Fehler bei der Berechnung der Polynomkoeffizienten zu sehr großen Fehlern bei den Eigenwerten führen. Auf Grund dieser negativen Eigenschaften werden die Verfahren, die auf der Berechnung der Polynomkoeffizienten beruhen, nicht mehr direkt zur Lösung von Eigenwertproblemen verwendet, sie können aber als Hilfsmittel bei der Diagnose der Eigenwertprobleme und zur Steuerung des Lösungsprozesses dienen.

Ein anderer Teil von Verfahren, die auf der Eigenschaft der Eigenwerte als Nullstellen des charakteristischen Polynoms basieren, kann zur Lösung von teilweisen Eigenwertproblemen, d. h. zur Berechnung einiger ausgewählter Eigenwerte benutzt werden. Wieder wird die gegebene Matrix zuerst in eine für die folgenden Berechnungen geeignetere Form transformiert, und danach werden mit Hilfe von Determinantenberechnungen Funktionswerte des charakteristischen Polynoms bestimmt. Mit Hilfe von Interpolation oder Intervallhalbierungsverfahren werden dann die Eigenwerte angenähert. Ein Verfahren, das auf diesem Prinzip beruht, ist die Bisektion, mit deren Hilfe für symmetrische tridiagonale Matrizen Eigenwerte aus vorgegebenen Intervallen auf effektive Weise berechnet werden können.

Auf Funktionswertberechnungen für das charakteristische Polynom basiert auch die Näherung von Eigenwerten mit Hilfe des Newton-Verfahrens oder der quadratischen Interpolation, die zur Beschleunigung anderer Eigenwertalgorithmen benutzt werden.

Zu der Gruppe der Verfahren, die eine Transformation der gegebenen Matrix in Diagonal- oder Blockdreiecksgestalt anstreben, gehört das Jacobi-Verfahren für symmetrische Matrizen. Die dabei verwendeten Transformationsmatrizen sind Drehungsmatrizen, die so gewählt werden, daß ein ausgewähltes Element außerhalb der Diagonalen bei der Ausführung der entsprechenden Ähnlichkeitstransformation Null wird.

Eine andere Möglichkeit der iterativen Bestimmung einer Matrix X, so daß

$$X^{-1}AX = M$$

gilt, wobei M im allgemeinen eine obere Blockdreiecksmatrix ist, ist die, eine Folge von Matrizen A_k durch fortlaufende Faktorisierung zu erzeugen. Es sei $A_1 = A$, und ein Iterationsschritt bestehe in folgendem:

Die Matrix A_k wird in das Produkt zweier Matrizen zerlegt

$$A_k = V_k \cdot W_k,$$

und die nächste Matrix A_{k+1} entsteht aus der Multiplikation der beiden Matrizen in umgekehrter Reihenfolge

$$A_{k+1} = W_k \cdot V_k = V_k^{-1} A_k V_k.$$

Wenn die Matrizen V_k alle nichtsingulär sind, besteht die Folge von Matrizen A_k aus zur Matrix A ähnlichen Matrizen, die alle die gleichen Eigenwerte besitzen. Die Eigenschaften der Matrizen V_k und W_k bestimmen die Eigenschaften des jeweiligen Algorithmus.

Wesentliche Vertreter dieser Gruppe von Verfahren sind der LR-Algorithmus (V_k ist eine Linksdreiecks- und W_k eine Rechtsdreiecksmatrix) und der QR-Algorithmus (V_k ist eine unitäre und W_k wieder eine Rechtsdreiecksmatrix) [19]. Bezüglich Sicherheit und Stabilität besitzt der QR-Algorithmus gegenüber dem LR-Algorithmus Vorteile. Für allgemein-komplexe Matrizen konvergiert die Folge der Matrizen A_k gegen eine obere Dreiecksmatrix, auf deren Diagonale bei nicht zerfallenden Matrizen die Eigenwerte in betragsmäßig fallender Folge angeordnet sind [18]. Im Fall reeller Matrizen werden orthogonale Matrizen V_k verwendet, und es entsteht eine Folge orthogonal-ähnlicher Matrizen A_k, die für symmetrische Matrizen A gegen eine Diagonal- und für allgemein-reelle Matrizen gegen eine obere Blockdreiecksmatrix konvergiert. In der bisher angegebenen Form konvergiert die Folge der entstehenden Matrizen linear gegen die entsprechende Grenzmatrix, und der Konvergenzfaktor ist abhängig vom Quotienten der Beträge zweier benachbarter Eigenwerte. Durch die Verwendung geeigneter Verschiebungen des Spektrums der Matrix A, d. h., anstelle von A_k wird $A_k - s_k I$ in Faktoren zerlegt, wird eine Beschleunigung der Konvergenz erreicht. Als besonders günstig haben sich die von Francis vorgeschlagenen Verschiebungsstrategien herausgestellt [2], die auch im Programmsystem MEIWEP verwendet werden. Sie zerstören jedoch die sich theoretisch auf der Hauptdiagonalen einstellende Anordnung der Eigenwerte, was aber bei der Berechnung aller Eigenwerte einer Matrix nicht von Bedeutung ist. Um Genauigkeitsverluste durch die Subtraktion der Verschiebung von den Diagonalelementen, die sich besonders auf die betragsmäßig kleinen Eigenwerte auswirken, zu vermeiden, wird eine Variante des QR-Algorithmus verwendet, die die explizite Subtraktion nicht erfordert. Diese Möglichkeit beruht auf der Aussage über die Definiertheit der Matrizen Q_k und A_{k+1} durch die Matrix A_k und die erste Spalte von Q_k, wenn A_k und A_{k+1} Hessenberg-Matrizen sind (eine Hessenbergmatrix ist eine obere Dreiecksmatrix, bei der zusätzlich noch eine Subdiagonale besetzt ist). Die so modifizierte Methode wird impliziter QR-Algorithmus genannt. Ein weiteres Problem entsteht bei der Anwendung des QR-Algorithmus auf reelle nichtsymmetrische Matrizen, wenn komplexe Eigenwerte auftreten. Komplexe Rechnung kann vermieden werden, wenn zwei Iterationsschritte mit konjugiert komplexen Verschiebungen zu einem Schritt zusammengefaßt werden. Es entsteht daraus der "Doppelschritt-QR-Algorithmus".

Ein weiterer Typ von Verfahren beruht auf der Potenzierung von Matrizen. Der bekannteste und älteste Vertreter dieses Typs ist die Potenzmethode von Mises [18], die in unterschiedlichen Varianten besonders von Ingenieuren häufig zur Lösung von Eigenwertproblemen angewandt wird. Bei der ursprünglichen Methode besteht ein Iterationsschritt darin, einen Vektor x_{k+1} aus einem Vektor x_k durch die Vorschrift

$$x_{k+1} = Ax_k = A^k x_o$$

zu erhalten. Die Folge der Vektoren x_k konvergiert bei gegebenem Vektor x_o gegen den Eigenvektor zum betragsmäßig größten Eigenwert für eine symmetrische Matrix A. Bezüglich des Aufwandes, der Konvergenzgeschwindigkeit und der Genauigkeit können sowohl die ursprüngliche Potenzmethode als auch ihre Varianten nicht mit der Variante des QR-Algorithmus konkurrieren, die ebenfalls den betragsgrößten Eigenwert einer symmetrischen Matrix bestimmt.

Wesentlich günstigere Eigenschaften besitzt die als "Inverse Iteration" bezeichnete Methode, in deren Verlauf ein ebenfalls beliebiger Vektor x_o in eine Näherung für den Eigenvektor zum betragskleinsten Eigenwert einer Matrix A transformiert wird. Dabei entsteht der Vektor x_{k+1} durch Auflösen des Gleichungssystems

$$Ax_{k+1} = \alpha_k x_k,$$

wobei α_k einen Normierungsfaktor darstellt; es wird

$$x_{k+1} = \alpha \; (A^{-1})^k x_o.$$

Mit sehr gutem Erfolg wird die Inverse Iteration zur Eigenvektorberechnung eingesetzt, wenn bereits Eigenwertnäherungen mit Hilfe anderer Verfahren bestimmt wurden, die nicht gleichzeitig Eigenvektornäherungen mit bereitstellen. Dabei erhält die Iterationsvorschrift die Form

$$(A - \lambda I)x_{k+1} = \alpha_k x_k,$$

und λ sollte eine möglichst gute Eigenwertnäherung sein.

Der QR-Algorithmus besitzt die Eigenschaft, daß er, angewandt auf eine Hessenbergmatrix, auch eine Folge von Hessenbergmatrizen erzeugt; entsprechendes gilt für symmetrische Tridiagonalmatrizen. Dadurch wird der Aufwand für die Durchführung des QR-Algorithmus um eine Ordnung von N reduziert, wenn nur Eigenwerte berechnet werden. Auch die Inverse Iteration für Hessenberg- bzw. Tridiagonalmatrizen benötigt wesentlich weniger arithmetische Operationen. Es ist also sinnvoll, vor dem Einsatz der eigentlichen Eigenwertalgorithmen die Ursprungsmatrix mit Hilfe von Ähnlichkeitstransformationen in Tridiagonal- bzw. Hessenberggestalt zu überführen.

Die Ähnlichkeitstransformationen können mit Hilfe von unitären oder Eliminationsmatrizen ausgeführt werden. Die von Wilkinson [18] dargestellte Rundungsfehleranalyse demonstriert den Vorteil der Verwendung unitärer Ähnlichkeitstransformationen, auch wenn diese etwa den doppelten Rechenaufwand im Vergleich mit nichtunitären Ähnlichkeitstransformationen erfordern. Die Transformation einer reellen nichtsymmetrischen Matrix in Hessenberggestalt mit Hilfe unitärer Spiegelungsmatrizen (Verfahren von Householder [18]) erfordert $5/3N^3 + O(N^2)$ und mit Hilfe von Eliminationsmatrizen $5/6N^3 + O(N^2)$ arithmetische Operationen. Im Programmsystem MEIWEP werden zur Tridiagonalisierung und zur Überführung in Hessenberggestalt Spiegelungsmatrizen verwendet und die arithmetischen Operationen mit doppelt-genauer Arithmetik ausgeführt, um zu sichern, daß die Matrizen, auf die die Eigenwertalgorithmen angewandt werden, möglichst genau ähnlich zu den Ursprungsmatrizen sind.

3. Vergleiche zum Programmpaket EISPACK

Während im Programmpaket EISPACK dem Nutzer eine Menge von Eigenwertalgorithmen zur Verfügung gestellt wird, mit deren Hilfe er seinen Lösungsalgorithmus aufbauen kann, wird im Programmsystem MEIWEP ein Schritt weiter gegangen. Aus der gegebenen Algorithmenmenge wird automatisch entsprechend der Aufgabenstellung ein Gesamtlösungsalgorithmus aufgebaut. Diese Vorgehensweise bedingt auch eine automatisierte Fehlersteuerung und Fehlerbehandlung, auf die im folgenden näher eingegangen werden soll.

Als Eingabewerte für das Programmsystem dienen neben den Matrixelementen der relative bzw. absolute Fehler ε_{er} bzw. ε_{ea} der Matrixelemente. Wegen der notwendigen Konvertierung der Eingabewerte von Dezimal- in Hexadezimalzahlen ergibt sich mindestens ein relativer Fehler der Matrixelemente $\varepsilon_{er} = \varepsilon_{m1} = 16^{-5}$ für REAL- und $\varepsilon_{er} = \varepsilon_{m2} = 16^{-13}$ für DREAL-Variable bei ESER-Anlagen. Die Werte ε_{m1} bzw. ε_{m2} stellen die sogenannte Maschinengenauigkeit dar. Es ist die kleinste Gleitkommazahl in der benutzten Maschinenarithmetik, für die

$$fl_i\ (1 + \varepsilon_{mi}) > 1, \qquad i = 1, 2$$

gilt, wenn $fl_1\ (x + y)$ bzw. $fl_2\ (x + y)$ die Gleitkommazahl darstellt, die bei der Operation $x + y$ in einfach-genauer bzw. doppelt-genauer Arithmetik entsteht.

Es ist also die Matrix A, bestehend aus den Eingabeelementen, als numerische Repräsentation einer Matrix A + F mit

$$|F_{ij}| \leq \varepsilon_{er} |A_{ij}| \quad \text{bzw.} \quad |F_{ij}| \leq \varepsilon_{ea}$$

anzusehen.

Die berechneten Eigenwert- und Eigenvektornäherungen λ und φ werden als Lösung der gegebenen Aufgabe akzeptiert, wenn sie die exakte Lösung für eine gestörte Matrix A + E sind und

$$\|E\| \leq \varepsilon_{er} \|A\| \quad \text{bzw.} \quad |E_{ij}| \leq \varepsilon_{ea}$$

gilt. Die Fehlermatrix E setzt sich im wesentlichen aus zwei Anteilen zusammen

$$E = E_R + E_A,$$

wobei E_R aus den Rundungsfehlern und E_A aus dem Abbruchfehler der Iterationsverfahren resultieren. Für den Rundungsfehler der Eigenwertalgorithmen gilt allgemein

$$E_R \leq f(N,k)\ \|A\|_E\ \varepsilon_{mi},\ i = 1,2,$$

je nach verwendeter Arithmetik, wobei k die Anzahl der Iterationen und $\|A\|_E$ die Euklidische Norm der Matrix A ist.

Der Abbruchfehler ergibt sich aus den verwendeten Abbruchschranken der jeweiligen Iterationsverfahren. Aus der Angabe der Fehler der Elemente der Ursprungsmatrix lassen sich Abbruchschranken berechnen, so daß der Abbruchfehler den Eingangsfehler nicht überschreitet [8].

Die Größe des durch die Rundungsfehler hervorgerufenen Fehlers kann a priori nicht abgeschätzt werden, er hängt wesentlich von der Anzahl der ausgeführten Iterationen und von den speziellen Eigenschaften der Matrix ab.

Beim Vergleich der Eigenwerte der Matrix A + E mit denen der Matrix A ergeben sich Abweichungen derart, daß

$$|\lambda_i(A + E) - \lambda_i(A)| \leq \varkappa(X) \cdot \|E\|$$

gilt, wobei

$$\varkappa(X) = \|X\| \cdot \|X^{-1}\|$$

die Konditionszahl der Eigenvektormatrix der Matrix A ist.

Aus dem oben Gesagten folgt, daß bei der Betrachtung von $\|E\|$ der Anteil E_A vernachlässigt werden kann, da er durch die Wahl der Abbruchschranken so begrenzt wird, daß $\|E_A\| < \varepsilon_{er} \|A\| /2$ ist. Damit wird also der Fehler in den berechneten Eigenwerten proportional zu $\varkappa(X)$ und zur Euklidischen Norm der Matrix A sein.

Für beliebige Matrizen A gilt

$$\|A\|_E^2 = \sum_{i,j=1}^{N} |a_{ij}|^2 \geq \inf \|T^{-1} AT\|^2 = \sum_{i=1}^{N} |\lambda_i|^2,$$

und das Infimum wird über alle nichtsingulären Matrizen T genommen. Das Gleichheitszeichen steht genau dann, wenn A eine normale Matrix ist. Damit ist eine Möglichkeit gegeben, die Größe des Rundungsfehlers des Eigenwertalgorithmus zu reduzieren, indem er auf eine zur Ursprungsmatrix ähnliche Matrix mit niedrigerer Euklidischer Norm angewandt wird. Mit dem von Osborne [10] vorgeschlagenen Verfahren der Vorkonditionierung, auch Balancierung genannt, wird eine Methode zur Erzeugung einer Diagonalmatrix durch sukzessive Angleichung der Normen entsprechender Zeilen und Spalten der aktuellen Matrix angegeben, so daß eine zur Ursprungsmatrix diagonal ähnliche Matrix niedrigerer Euklidischer Norm entsteht. Dieses Verfahren ist besonders wirkungsvoll bei schlecht konditionierten Eigenvektorsystemen.

Bei der Bearbeitung des Eigenwertproblems für reelle symmetrische Matrizen werden im Programmsystem MEIWEP dieselben Algorithmen wie im EISPACK-Guide [15] vorgeschlagen, verwendet. In der Art ihrer Anwendung gibt es jedoch einige Abweichungen:

1. Im Programmsystem MEIWEP wird die Ursprungsmatrix zuerst mit Hilfe von Spiegelungsmatrizen (Verfahren von Householder) in Tridiagonalgestalt ohne Akkumulation der Transformationsmatrix analog dem Programm TRED 1 aus EISPACK jedoch mit doppelt-genauer Arithmetik überführt. Die Akkumulation erfolgt erst nach der Analyse der Aufgabenstellung, wenn bekannt ist, welcher Algorithmus im weiteren verwendet wird.

2. Zur Berechnung aller Eigenwerte und eventuell aller Eigenvektoren wird im Programmsystem MEIWEP nur der implizite QL-Algorithmus benutzt.

3. Dem Algorithmus aus EISPACK zur Berechnung betragskleinster bzw. betragsgrößter Eigenwerte werden einige QR-Schritte mit Newtonverschiebung vorangestellt bis eine relativ gute Näherung des Eigenwertes erreicht ist. Diese Näherung wird dann als Ausgangsnäherung für den eigentlichen Algorithmus RATQR verwendet. Dadurch wird eine wesentliche Verringerung der auftretenden Rundungsfehler, die besonders stark bei betragsmäßig kleinen Eigenwerten in Erscheinung treten, erreicht.

4. Der Modul TINVIT im Programmsystem MEIWEP unterscheidet sich vom entsprechenden Modul in EISPACK im wesentlichen dadurch, daß die Startvektoren unter weitgehender Berücksichtigung der Struktur der Tridiagonalmatrix gewählt werden. Durch diese spezielle Wahl werden die sogenannten "schwachen Kopplungen", die durch sehr kleine, aber nicht vernachlässigbare Subdiagonalelemente entstehen, sehr schnell überwunden.

Ein weiterer Unterschied ist die Art der Lösung des bei der Inversen Iteration auftretenden linearen Gleichungssystems

$$(T - \mu I)x_{k+1} = \alpha_k x_k .$$

Die Matrix $(T - \mu I)$ wird in eine orthogonale und eine Rechtsdreiecksmatrix zerlegt, und zur Stabilisierung des Lösungsprozesses wird der Normierungsfaktor α_k im Verlauf der Berechnung des Vektors x_{k+1} so bestimmt, daß der Vektor x_{k+1} keine Komponente enthält, die betragsmäßig größer als 1 ist.

Als Steuergröße für den Abbruch der Iterationen dient der Defekt der Eigenvektornäherung

$$\sigma(x) = (T - \frac{x^T T x}{x^T x} I) \frac{x}{\|x\|_2} .$$

Die Iteration wird abgebrochen, wenn die Norm des Defektes $\sigma(x)$ klein genug ist.

Die Moduln IMTQL und BISECT entsprechen im wesentlichen den FORTRAN-Unterprogrammen IMTQL1 bzw. IMTQL2 und BISECT aus EISPACK.

Für die Lösung von Eigenwertproblemen für allgemein-reelle Matrizen ist die Menge der Aufgabenstellungen, für die spezielle Lösungsalgorithmen angegeben werden, im Programmsystem MEIWEP gegenüber EISPACK erweitert. Die prinzipielle Vorgehensweise für die Lösung des vollständigen Eigenwertproblems weicht von der in EISPACK enthaltenen nicht ab, es wurde lediglich der Modul, der den Doppelschritt-QR-Algorithmus realisiert, so modifiziert, daß er ebenfalls zur Lösung von teilweisen Eigenwertproblemen genutzt werden kann. Die Algorithmenmenge enthält außer dem QR-Algorithmus nach Francis [2] und der Inversen Iteration noch Varianten des QR-Algorithmus zur Berechnung von Eigenwerten aus vorgegebenen Kreisen und zur Verbesserung von Näherungseigenwerten sowie eine Variante der Inversen Iteration zur Berechnung des Spektralradius nichtnegativer oder nichtpositiver Matrizen. Die genannten Algorithmen sind ausführlich in [4, 7, 16] beschrieben, und ihre Wirkungsweise wird in den Modulbeschreibungen dieses Heftes kurz erläutert.

Neben diesen prinzipiellen Unterschieden gibt es im Zweig der Bearbeitung von Eigenwertproblemen für reelle nichtsymmetrische Matrizen einige weitere geringfügige Abweichungen:

1. Wegen der Maschinenarithmetik der ESER-Anlagen auf der Basis des Hexadezimalsystems ist die Verwendung des Balancierungsalgorithmus in der von Parlett [11] vorgeschlagenen Modifikation, die im Programmpaket EISPACK verwendet wird, nicht sinnvoll. Im Programmsystem MEIWEP wird eine Variante benutzt, mit deren Hilfe die gesamte Transformationsmatrix ohne ihre explizite Anwendung auf die Ursprungsmatrix erzeugt wird. Erst danach wird die Ursprungsmatrix einmal mit der endgültigen Diagonalmatrix mit Hilfe doppelt-genauer Arithmetik transformiert, so daß insgesamt nur ein Rundungsfehler in der Größenordnung $\|A\|\varepsilon_{m2}$ entsteht. Im Anschluß an die eigentliche Balancierung wird die entstandene Matrix so skaliert, daß die Norm der Matrix für die weiteren Rechnungen kleiner als 1 ist; dies geschieht rundungsfehlerfrei.

2. Die Transformation der balancierten Matrix in Hessenberggestalt erfolgt im Programmsystem MEIWEP mit Hilfe von Spiegelungsmatrizen (Householder-Verfahren) unter Verwendung doppelt-genauer Arithmetik.

3. Die rechentechnische Realisierung des Verfahrens der Inversen Iteration weicht wesentlich von der im Programmpaket EISPACK ab. Neben den Unterschieden, die schon bei der Realisierung der Inversen Iteration für symmetrische tridiagonale Matrizen beschrieben wurden, kommt bei der Verwendung für allgemein-reelle Matrizen noch hinzu, daß durch ein vorgeschaltetes Steuerprogramm unterschieden wird, ob es sich um eine reelle oder komplexe Eigenwertnäherung handelt. Dementsprechend wird die Variante INVITR oder INVITC aufgerufen. Im Modul INVITC wird unter Ausnutzung der speziellen Gestalt der Matrix $A - (\lambda + i\mu)I$ teilweise mit komplexer Arithmetik gearbeitet.

4. Aufgabenstellungen

Die Aufgabenklasse, zu der die vom beschriebenen Programmsystem bearbeiteten Aufgabenstellungen gehören, ist das spezielle Matrixeigenwertproblem

$$(A - \lambda I)x = 0$$

mit einer Matrix A der Ordnung N mit N ≤ 200. Als Matrizen A werden reelle, komplexe, hermitesche und nichthermitesche Matrizen zugelassen. Mit Hilfe des Programmsystems kann das vollständige Eigenwertproblem gelöst werden, d. h., es werden alle Eigenwerte oder alle Eigenwerte und Eigenvektoren der Matrix A berechnet. Damit kann der Anwender prinzipiell jede spezielle Aufgabenstellung durch nachträgliche Auswahl der gesuchten Eigenwerte und Eigenvektoren aus der Gesamtheit aller lösen. Bei Matrixordnungen, die eine bestimmte Größe übersteigen, wird diese Vorgehensweise uneffektiv, denn es gibt Algorithmen, die gezielt spezielle Aufgabenstellungen des teilweisen Eigenwertproblems lösen. Vom Programmsystem werden die folgenden Aufgabenstellungen durch Wahl besonders geeigneter Algorithmen gelöst:

Berechnung

- der k betragsmäßig $\left\{\begin{matrix}\text{kleinsten}\\ \text{größten}\end{matrix}\right\}$ Eigenwerte,
- der k $\left\{\begin{matrix}\text{kleinsten}\\ \text{größten}\end{matrix}\right\}$ Eigenwerte,
- aller Eigenwerte aus einem Intervall (a,b),
- aller Eigenwerte aus einem Kreis (M,r),
- aller Eigenwerte mit $Re(\lambda) \begin{matrix}<\\=\\>\end{matrix}$ a oder

die Verbesserung von Näherungseigenwerten.

Diese Aufgabenstellungen können kombiniert werden, und es können wahlweise zu einigen oder allen berechneten Eigenwerten die entsprechenden Eigenvektoren bestimmt werden.

Genauigkeitsanforderungen des Anwenders für die Berechnung der Eigenwerte werden im Programmsystem berücksichtigt, müssen aber nicht unbedingt gegeben sein. Wenn die Genauigkeitsforderungen nicht der Eingabegenauigkeit widersprechen, werden sie eingehalten, soweit das im Rahmen doppelt-genauer Arithmetik möglich ist.
Je nach Nutzeranforderung werden im Programmsystem A-posteriori-Fehlerabschätzungen ausgeführt sowie ein Verfahrensprotokoll oder ein Protokoll der Zwischenergebnisse ausgegeben.

5. Die Struktur des Programmsystems

Das Programmsystem ist modular aufgebaut. Jeder Modul ist dabei eine logische und physische Einheit in Form eines Unterprogramms, das eine wohldefinierte Aufgabe löst und einen eindeutigen Endzustand liefert sowie Diagnoseparameter zur Charakterisierung der Arbeit des Moduls und seiner Ergebnisse.

Im Programmsystem sind zwei Arten von Moduln enthalten: Steuer- und Arbeitsmoduln. Die Steuermoduln dienen der automatisierten Lösung des gegebenen Eigenwertproblems; sie haben dabei die folgenden Aufgaben:

Analyse der Aufgabenstellung, A-priori-Fehlerabschätzung, Algorithmenauswahl, Herstellung der Anschlußbedingungen zwischen Teilalgorithmen, Steuerung der Rechengenauigkeit und Reaktion auf Fehleranzeiger.

Die Arbeitsmoduln sind Unterprogramme, die Teilalgorithmen zur Lösung des Eigenwertproblems realisieren und deren Struktur und Datenorganisation aufeinander abgestimmt sind.

Alle Arbeits- und Steuermoduln sind als FORTRAN-Unterprogramme geschrieben und enthalten keinerlei Arbeit mit externen Geräten. Alle Daten werden durch die allgemeine Systemsteuerung verwaltet und vor jedem Aufruf eines Moduls entsprechend den Anforderungen bereitgestellt. Zwischenergebnisse, die zeitweilig nicht benötigt werden, sind in einer externen Datei, in der realisierten Variante auf einer Magnetplatte, gespeichert. Dadurch wird es möglich (abgesehen vom Fall allgemein komplexer Matrizen) mit relativ geringem Hauptspeicherbedarf, 2 Felder der Dimension NxN und 15 Felder der Dimension N, für alle Moduln auszukommen.
Die Verknüpfung der zum Lösungsprozeß notwendigen Arbeits- und Steuermoduln erfolgt in Abhängigkeit von Steuerparametern, die in einer formalisierten Aufgabenstellung enthalten sind oder im Lauf des Lösungsprozesses bereitgestellt und verarbeitet werden. Die letzteren sind in einem allen Moduln gemeinsamen COMMON-Bereich gespeichert und können dort von allen Moduln abgefragt und verändert werden.

Im folgenden wird die Struktur des Programmsystems in Form von Ablaufplänen und dazugehörigen Kurzbeschreibungen dargestellt. Insgesamt baut sich das Programmsystem aus vier Hauptteilen auf: den Zweigen der Bearbeitung von reell-symmetrischen, reell-nichtsymmetrischen, komplex-hermiteschen und komplex-nichthermiteschen Matrizen. Auf die Darstellung der Verzweigungen zur Arbeit mit doppelt-genauer Arithmetik wird verzichtet, weil diese jeweils nur Vereinfachungen der Zweige mit einfach-genauer Arithmetik sind.

5.1. Reell-symmetrische Matrizen

Der Lösungsprozeß (Abb. 1) für eine reelle symmetrische Matrix A beginnt mit der Tridiagonalisierung dieser Matrix. Das geschieht im Modul DTRED2 mit Hilfe doppelt-genauer Householdertransformationen. Ist die gegebene Matrix bereits tridiagonal, wird im Modul HTRED lediglich die Speicherform der Matrix geändert. Im Modul APRFEA folgt nun eine A-priori-Fehlerabschätzung, die Wahl der Rechengenauigkeit und die Skalierung der Matrix. Nach diesen Vorbereitungen werden im Modul WEGENT die spezielle Aufgabenstellung des Nutzers untersucht und entsprechende Steuerparameter für die Algorithmenauswahl gespeichert. Um den Steuerungsaufwand relativ zur Gesamtrechenzeit so gering wie möglich zu halten, werden für Matrizen einer Ordnung $N \leq 20$ alle Eigenwerte und, wenn gefordert, Eigenvektoren mit dem impliziten QL-Algorithmus im Modul IMTQL berechnet. Für Matrizen, deren Ordnung N zwischen 20 und 50 liegt, werden, unabhängig von der speziellen Aufgabenstellung, ebenfalls alle Eigenwerte mit diesem Algorithmus berechnet. Er wird aber zur Eigenvektorberechnung nur dann benutzt, wenn die Anzahl der zu berechnenden Eigenvektoren größer als $0{,}9 \cdot N$ ist. Erst für Matrizen, deren Ordnung N größer als 50 ist, wird die gesamte Steuerung aktiviert. In Abhängigkeit von der Anzahl und der Lage der geforderten Eigenwerte relativ zum Gesamtspektrum der Matrix A werden der implizite QL-Algorithmus, der rationale QR-Algorithmus oder das Verfahren der Bisektion ausgewählt. Sind zusätzlich zu den Eigenwerten noch einige Eigenvektoren zu berechnen, werden dazu der implizite QL-Algorithmus oder das Verfahren der Inversen Iteration benutzt, je nachdem, ob mehr oder weniger als $0{,}9 \cdot N$ Eigenvektoren benötigt werden.

Nach der Berechnung der geforderten Eigenwerte und Eigenvektoren werden in den Moduln FEAEW Fehlerabschätzungen ausgeführt und die Genauigkeitsforderungen des Nutzers überprüft; im Bedarfsfall werden mit Hilfe der Inversen Iteration Nachiterationen ausgeführt. Im Modul FEWERT werden schließlich die Fehleranzeiger ausgewertet und im Modul ABSCHL die Ausgabe der Ergebnisse vorbereitet.

Für den Fall, daß eine doppelt-genaue Berechnung notwendig wird, werden alle Eigenwerte mit Hilfe des impliziten QL-Algorithmus und die geforderten Eigenvektoren mit Hilfe einer doppelt-genauen Inversen Iteration berechnet.

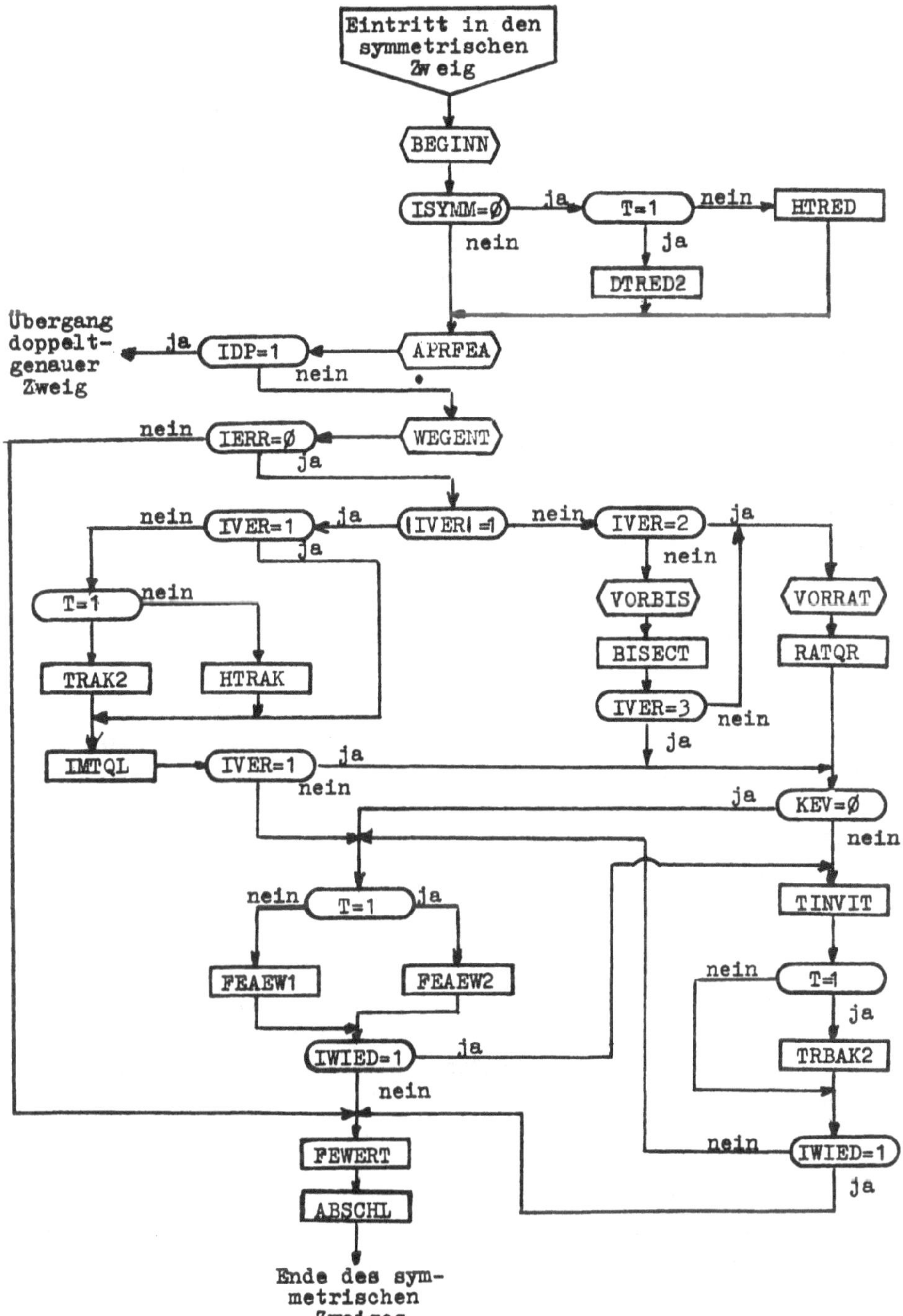
Eintritt in den symmetrischen Zweig
BEGINN
ISYMM=Ø
ja
nein
T=1
nein
HTRED
ja
DTRED2
Übergang doppelt-genauer Zweig
ja
IDP=1
APRFEA
nein
nein
IERR=Ø
WEGENT
ja
nein
IVER=1
ja
|IVER|=1
nein
IVER=2
ja
ja
nein
T=1
nein
VORBIS
VORRAT
BISECT
RATQR
TRAK2
HTRAK
IVER=3
nein
ja
IMTQL
IVER=1
ja
nein
ja
KEV=Ø
nein
nein
T=1
ja
TINVIT
FEAEW1
FEAEW2
nein
T=1
ja
TRBAK2
IWIED=1
ja
nein
nein
IWIED=1
ja
FEWERT
ABSCHL
Ende des symmetrischen Zweiges

Abb. 1

5.2. Reell-nichtsymmetrische Matrizen

Die Lösung von Eigenwertproblemen für reelle nichtsymmetrische Matrizen wird dadurch erschwert, daß einesteils komplexe Eigenwerte und Eigenvektoren auftreten können und andernteils die Kondition des Eigenvektorsystems der Matrix eine große Rolle für die erreichbare Genauigkeit der Ergebnisse spielt.

Zur Lösung des vollständigen Eigenwertproblems für reelle nichtsymmetrische Matrizen ist derzeit der effektivste Algorithmus der Doppelschritt-QR-Algorithmus mit Francis-Verschiebung [2]. Es ist zweckmäßig, die Matrix vor seiner Anwendung zu balancieren und auf Hessenberggestalt zu transformieren. Im Modul RBAL (Abb. 2) werden die Normen entsprechender Zeilen und Spalten einander angeglichen und dadurch insgesamt eine Reduzierung der euklidischen Norm der Matrix A [10, 11] erreicht, die ihrerseits zu einer Reduzierung der Schranke für mögliche Rundungsfehler im weiteren Rechenprozeß führt. Mittels orthogonaler Householdertransformationen wird im Modul HOUSE die Transformation in Hessenberggestalt ausgeführt. Der QR-Algorithmus auf die Hessenberg-Matrix angewandt erfordert weniger Rechenoperationen. Zur Lösung einiger teilweiser Eigenwertprobleme wurden Algorithmen entwickelt, die Varianten der Inversen Iteration oder des QR-Algorithmus mit spezieller Steuerung sind [4]. So dient der Modul RHOIT zur Berechnung des betragsgrößten Eigenwertes und des zugehörigen Eigenvektors einer Matrix, deren Elemente alle das gleiche Vorzeichen besitzen. Die Moduln QRNAEH bzw. QRKREI, die beide Varianten des QR-Algorithmus realisieren, werden zur Verbesserung einer Eigenwertnäherung bzw. zur Berechnung aller Eigenwerte aus einem gegebenen Kreis benutzt. Der Steuerung des Problemlösungsprozesses dienen die Moduln EPSDG, WEG und BLOCAN. Der Modul EPSDG führt eine A-priori-Fehlerabschätzung aus und legt Abbruchschranken für die Inverse Iteration und den QR-Algorithmus fest. Außerdem wird anhand der Genauigkeitsforderungen des Nutzers entschieden, ob der Zweig für einfache oder der für doppelte Genauigkeit durchlaufen werden soll. Der Modul WEG legt nach der Analyse der Nutzeraufgabe den weiteren Lösungsweg durch Angabe von Steuerparametern fest. Im Modul BLOCAN wird die Blockstruktur der Hessenbergmatrix untersucht. Die Anzahl der Hauptdiagonalblöcke beeinflußt die Entscheidung, ob es noch effektiv ist, die speziellen Algorithmen Kreis-QR oder Näherungs-QR zu benutzen, die einen erhöhten Steuerungsaufwand enthalten oder mit Hilfe des Moduls QRALL alle Eigenwerte der Matrix A zu berechnen. Wenn die Ordnung der Matrix A kleiner als 20 ist, werden immer alle Eigenwerte berechnet und entsprechend der Anforderung durch den Nutzer noch die Eigenvektoren.

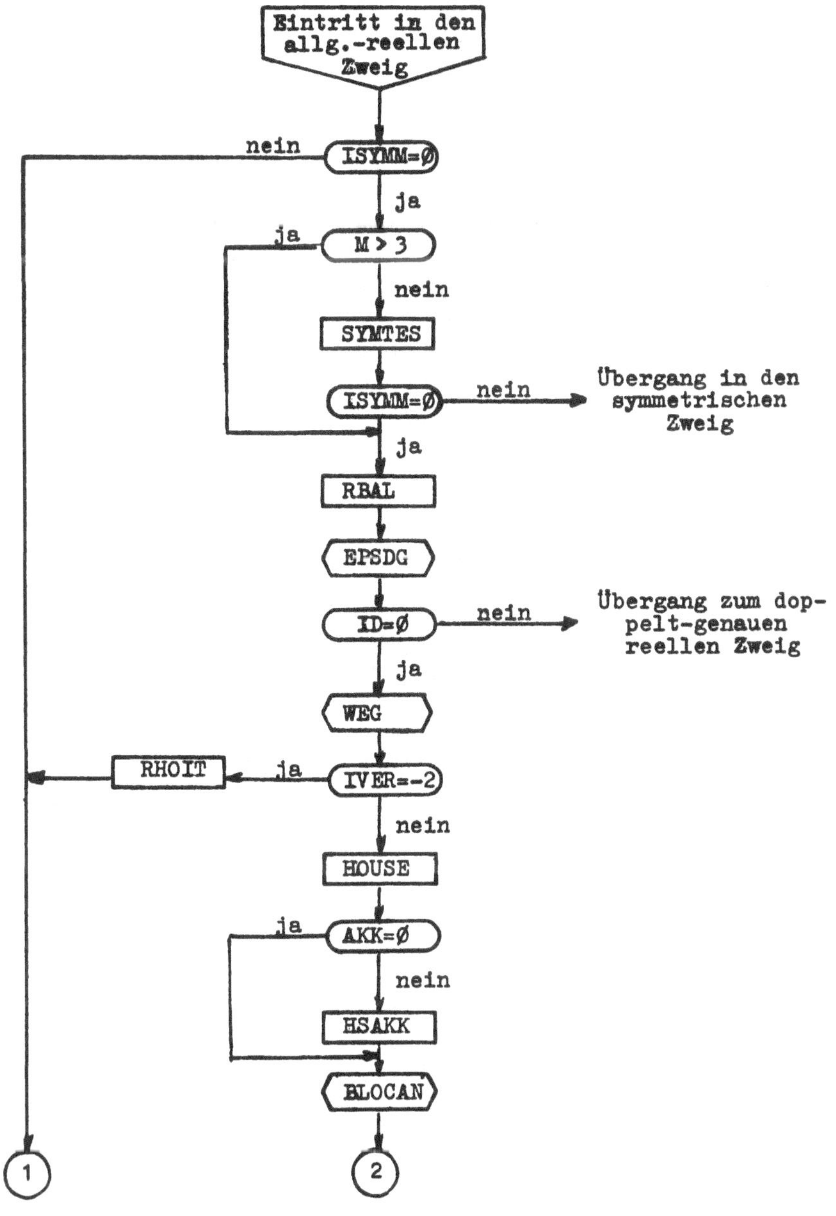
Eintritt in den allg.-reellen Zweig
nein
ISYMM=Ø
ja
ja
M > 3
nein
SYMTES
ISYMM=Ø
nein
Übergang in den symmetrischen Zweig
ja
RBAL
EPSDG
ID=Ø
nein
Übergang zum doppelt-genauen reellen Zweig
ja
WEG
RHOIT
ja
IVER=-2
nein
HOUSE
ja
AKK=Ø
nein
HSAKK
BLOCAN
1
2

Abb. 2/1

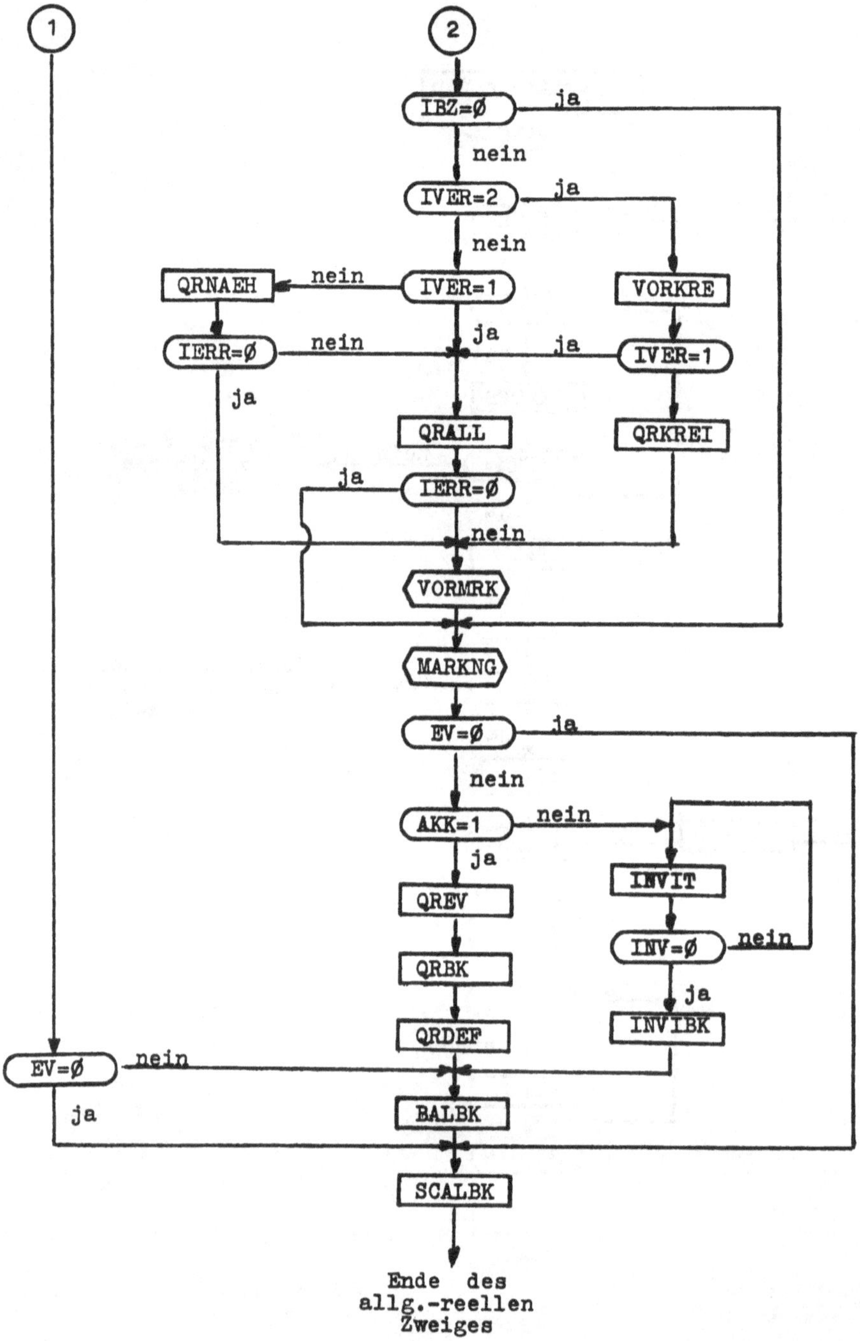
1
2
IBZ=Ø
ja
nein
IVER=2
ja
nein
QRNAEH
nein
IVER=1
VORKRE
IERR=Ø
nein
ja
ja
IVER=1
ja
QRALL
QRKREI
ja
IERR=Ø
nein
VORMRK
MARKNG
EV=Ø
ja
nein
AKK=1
nein
ja
INVIT
QREV
INV=Ø
nein
QRBK
ja
QRDEF
INVIBK
EV=Ø
nein
BALBK
ja
SCALBK
Ende des
allg.-reellen
Zweiges

Abb, 2/2

Sind alle Eigenvektoren verlangt, werden sie ebenfalls mit dem QR-Algorithmus, sonst mit Hilfe der Inversen Iteration berechnet. Die Moduln QRBK, INVIBK, BALBK und SCALBK dienen der Rücktransformation der berechneten Eigenvektoren und Eigenwerte.

5.3. Komplexe Matrizen

Im Zweig für hermitesche Matrizen (Abb. 3) wird das eigentliche Eigenwertproblem nicht gelöst. Es wird lediglich die hermitesche Matrix durch unitäre Ähnlichkeitstransformationen in eine reelle symmetrische Matrix überführt. Diese symmetrische Matrix wird dann an den Zweig zur Bearbeitung reell-symmetrischer Matrizen übergeben, und dort wird die spezifizierte Aufgabenstellung des Eigenwertproblems gelöst. Die Ergebnisse werden danach an die Steuerung des hermiteschen Zweiges zurückgegeben, wo die berechneten Eigenvektoren in Eigenvektoren der hermiteschen Matrix transformiert werden.

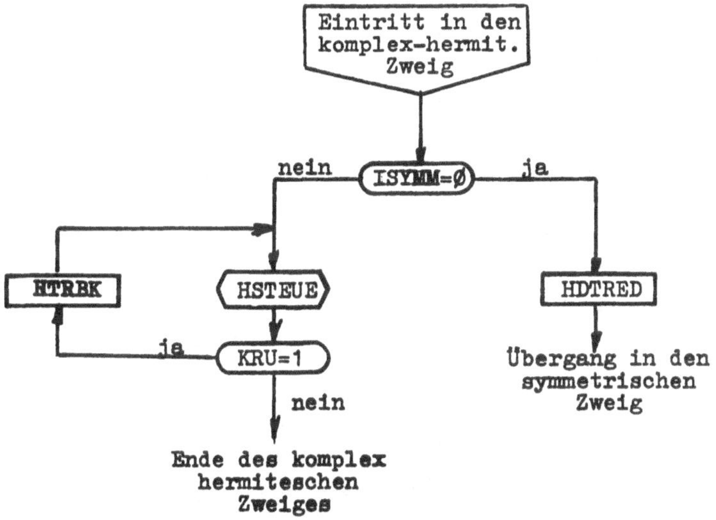

Abb. 3

Die Lösung von Eigenwertproblemen für allgemein komplexe Matrizen (Abb. 4) erfolgt in vereinfachter Weise wie für allgemein reelle Matrizen. Es können nicht alle Aufgabenstellungen durch spezielle Algorithmen behandelt werden, weil wegen des erhöhten Speicherplatzbedarfs Effektivitätsfragen anders betrachtet werden müssen. Alle Aufgabenstellungen werden auf die folgenden Grundaufgaben reduziert:

Verbesserung von Näherungen für Eigenwerte,
Berechnung aller Eigenwerte und Eigenvektoren mit dem QR-Algorithmus,
Berechnung aller Eigenwerte mit dem QR-Algorithmus und bei Bedarf Berechnung von Eigenvektoren zu einigen Eigenwerten mit Inverser Iteration.

Im Zweig zur Bearbeitung allgemein komplexer Matrizen wird zuerst im Modul CHERM überprüft, ob die gegebene Matrix hermitesch ist; wenn das der Fall ist, wird sie an den Zweig für hermitesche Matrizen übergeben. Danach erfolgt, wie im Fall allgemein reeller Matrizen im Modul CBAL eine Balancierung der Ursprungsmatrix. Im Modul CEPSI werden anhand der Genauigkeitsangaben die Abbruchschranken für den QR-Algorithmus und für die Inverse Iteration festgelegt, sowie die Entscheidung getroffen, ob mit einfach- oder doppelt-genauer Arithmetik zu arbeiten ist. Der Modul CWEG analysiert die gegebene Aufgabenstellung und speichert entsprechende Parameter für die Weiterarbeit des Programmsystems. Um die Anzahl der erforderlichen Rechenoperationen in den Eigenwertalgorithmen zu reduzieren, wird die Ursprungsmatrix mit Hilfe des Moduls CHES durch unitäre Ähnlichkeitstransformationen in Hessenberggestalt überführt. Wenn die Berechnung aller Eigenwerte und Eigenvektoren verlangt ist, wird danach die Transformationsmatrix im Modul CTRAMA akkumuliert; sonst stehen nur die Informationen über die ausgeführten Transformationen zur Verfügung, die später bei der Rücktransformation der Eigenvektoren wieder verwendet werden.

Alle Eigenwerte und je nach Aufgabe auch alle Eigenvektoren können mit dem Modul CQR nach dem komplexen QR-Algorithmus berechnet werden. Der daran anschließende Modul CMARK vergleicht die berechneten Eigenwerte mit der speziellen Aufgabenstellung des Nutzers und markiert die Eigenwerte, die Lösungen sind, mit -1, und diejenigen, zu denen noch Eigenvektoren zu berechnen sind, mit +1. Alle anderen Positionen des Markierungsvektors enthalten Nullen. Sind Eigenwertnäherungen zu verbessern oder nur einige Eigenvektoren zu berechnen, wird dazu die Inverse Iteration verwendet. Das eigentliche Verfahren wird vom Modul CINVIT realisiert, dessen Arbeit vom Modul CVORIT gesteuert wird. Der Modul CIMARK dient der Markierung der Eigenwerte im Vergleich mit der gege-

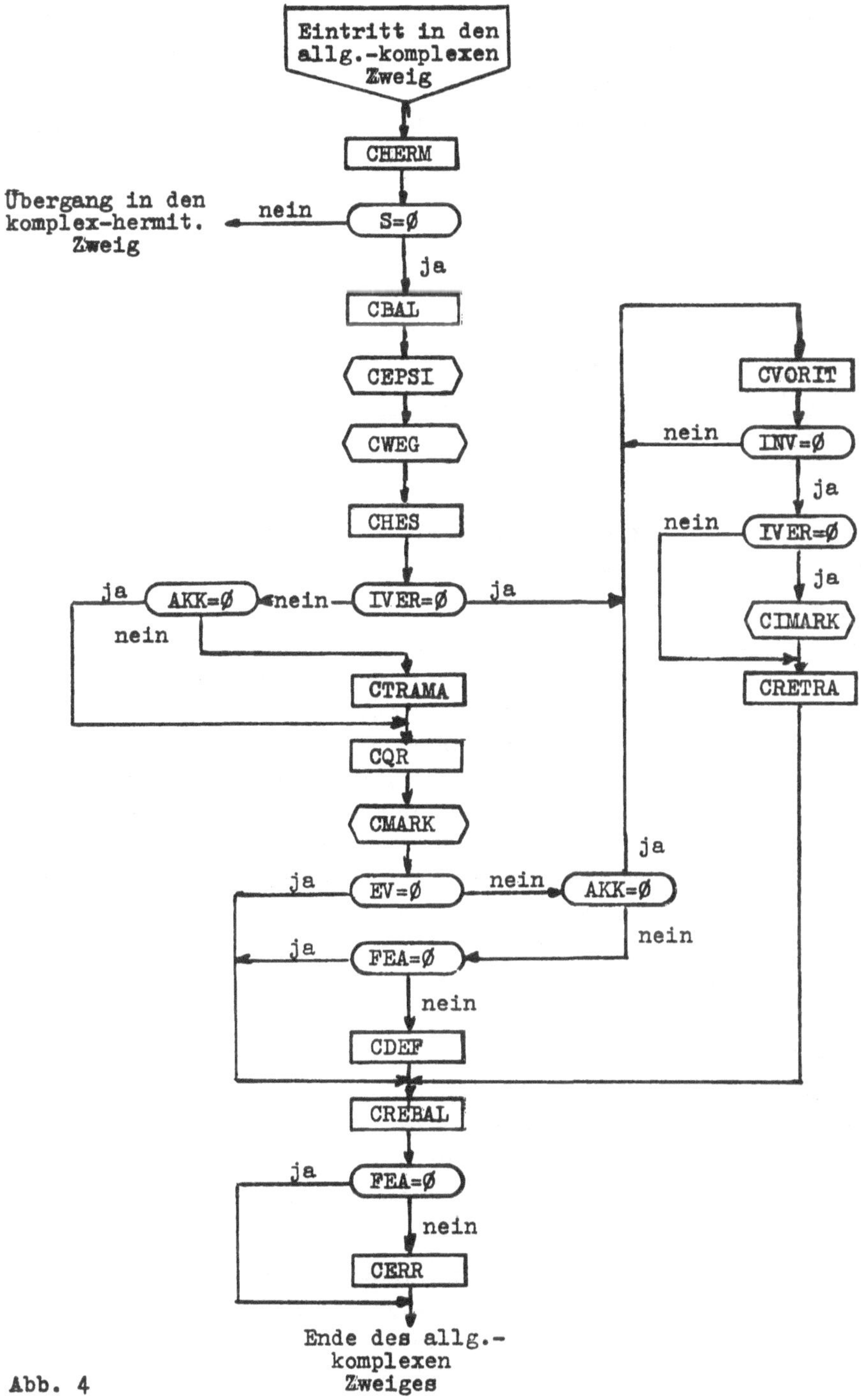
Eintritt in den allg.-komplexen Zweig
CHERM
S=Ø
nein
Übergang in den komplex-hermit. Zweig
ja
CBAL
CEPSI
CWEG
CHES
IVER=Ø
nein
AKK=Ø
ja
nein
ja
CTRAMA
CQR
CMARK
EV=Ø
ja
nein
AKK=Ø
ja
nein
FEA=Ø
ja
nein
CDEF
CVORIT
INV=Ø
nein
ja
IVER=Ø
nein
ja
CIMARK
CRETRA
CREBAL
FEA=Ø
ja
nein
CERR
Ende des allg.-komplexen Zweiges

Abb. 4

benen Aufgabenstellung. Die mit Hilfe der Inversen Iteration für die Hessenbergmatrix berechneten Eigenvektoren werden durch den Modul CRETRA in Eigenvektoren der vollen balancierten Matrix transformiert.

Den Abschluß bildet die Rücktransformation der Eigenvektoren der balancierten in die der Ursprungsmatrix im Modul CREBAL.

6. Nutzungshinweise

Wie in den vorangegangenen Kapiteln erläutert wurde, ist das Programmsystem in der Lage, selbständig gewisse Aufgabenstellungen des speziellen Eigenwertproblems so zu lösen, daß eine möglichst geringe Gesamtrechenzeit benötigt wird. Es ist so konzipiert, daß es bei sinnvollen Aufgabenstellungen immer eine Lösung liefert. Wenn aus irgendwelchen Gründen eine Weiterarbeit des Programmsystems nicht möglich ist, werden alle bis dahin erhaltenen Ergebnisse gesichert und ein entsprechender Kommentar ausgegeben.

Prinzipiell gibt es drei mögliche Arten der Nutzung des Programmsystems: erstens als Teilsystem eines übergeordneten "Problemorientierten Betriebssystem" (PBS), das an der Sektion Rechentechnik und Datenverarbeitung der TH Karl-Marx-Stadt entwickelt wird, zweitens als FORTRAN-Unterprogramm in einem übergeordneten Nutzer-Anwendungsprogramm und schließlich drittens können alle Moduln des Programmsystems als Unterprogramme zur Lösung von Teilaufgaben in ein Nutzerprogramm eingegliedert werden. Die letzte Möglichkeit setzt allerdings genaue Kenntnisse des Nutzers über die Wirkungsweise und Datenorganisation des Unterprogramms voraus; insbesondere müssen alle Anfangsbedingungen hergestellt werden, die bei einer Arbeit innerhalb des Programmsystems automatisch gewährleistet sind.

Wesentlich einfacher ist die Nutzung des Programmsystems als Ganzes, weil im Programmsystem durch die Steuerung alle möglichen Fälle und Sonderfälle automatisch behandelt werden und so eine sichere Arbeit der Moduln garantiert wird. Außerdem wird durch das Programmsystem eine rationellere Aufteilung des verfügbaren Hauptspeicherplatzes erreicht als dies für einen Nutzer ohne spezielle Kenntnisse über die Arbeit der Betriebssysteme möglich ist.

Bei Nutzung der DOS/ES-Variante des Programmsystems wird das Nutzerprogramm während der Arbeit des Programmsystems ausgelagert, und dem Programmsystem steht der gesamte Hauptspeicher zur Verfügung. Für den Nutzer hat damit das Programmsystem MEIWEP nur eine Länge von 7k Byte, das ist die Länge des Lademoduls für MEIWEP.

Im Betriebssystem OS/ES ist diese Arbeitsweise nicht mehr möglich. Hier wird für die Arbeit des Programmsystems MEIWEP zusätzlich zum Speicherplatzbedarf des Nutzerprogramms ein Speicherplatz von

$$(43\text{k} + C \cdot N^2 + 60N)\ \text{Byte}$$

benötigt, wobei $C = 8$ für reelle und $C = 16$ für komplexe Matrizen A gilt.

Um eine Aufgabenstellung, die in im wesentlichen verbaler Weise formuliert ist, verarbeiten zu können, ist als Vorprogramm zum Programmsystem MEIWEP der Modul CODEIG aufgebaut worden. Er kodiert die fast verbal beschriebene Aufgabenstellung des Nutzers in einer für das Programmsystem verarbeitbaren Form. Dabei erzeugt der Modul CODEIG eine Teilkodierung, die durch den Modul MEIWEP interpretiert werden kann; sie ist nicht zum Aufruf einzelner Moduln des Programmsystems verwendbar.

Es folgen nun gekürzte Beschreibungen der Moduln CODEIG und MEIWEP. Sie stellen Auszüge aus den Modulbeschreibungen der internen Dokumentation zum Programmsystem MEIWEP der TH Karl-Marx-Stadt dar, die von Dipl.-Math. M. Pester, Sektion Mathematik der THK, ausgearbeitet wurden.

<u>Modul CODEIG</u>

- Rufzeile: Call CODEIG (IANZ, EIG <aufgabe>)
- Besonderheiten: Die Parameterliste kann variabel lang sein; der Parameter <aufgabe> wird im folgenden noch näher erläutert.
- Eingangsparameter

  Die Darstellung der Eingabe <aufgabe> erfolgt in Anlehnung an die Backus-Naur-Notation: Eckige Klammern innerhalb von Literalen bedeuten, daß die darin enthaltenen Zeichen weggelassen werden dürfen (sie werden nicht geprüft). Leerzeichen dürfen innerhalb von Literalen beliebig verwendet werden (z. B. Sperrschrift). Von den in geschweiften Klammern angegebenen Alternativen ist jeweils eine auszuwählen. Die Liste der Eingangsparameter hat folgenden Aufbau:

$$\langle \text{aufgabe} \rangle ::= \{, \langle \text{was} \rangle, \langle \text{welche} \rangle\}^{n} [, \langle \text{protokoll} \rangle], \quad n > 0$$

$$\langle \text{was} \rangle ::= \left\{ \begin{array}{l} \text{'NUR } \left\{ \begin{array}{l} \text{EW} \\ \text{EIGENWERT [E]} \end{array} \right\} \text{'} \\ \text{'} \left\{ \begin{array}{l} \text{EW} \\ \text{EIGENWERT [E]} \end{array} \right\} \text{ UND } \left\{ \begin{array}{l} \text{EV} \\ \text{EIGENV [EKTOREN]} \end{array} \right\} \text{'} \end{array} \right\}$$

$$\left(\begin{array}{l} \text{'ALLE'} \\ \text{'KREIS'}, \langle \text{m1} \rangle, \langle \text{m2} \rangle, \langle \text{rad} \rangle \\ \text{'INTERV [ALL]'}, \langle \text{anf} \rangle, \langle \text{end} \rangle \end{array} \right)$$

```
                        'ABS {MAX} ' , ⟨anz⟩
                             {MIN}
⟨welche⟩      ::=      {'MAX' } , ⟨anz⟩
                        {'MIN' }
                        'ABS VON [-BIS] ', ⟨n1⟩ , ⟨n2⟩
                        'VON [-BIS] ', ⟨n1⟩ , ⟨n2⟩
                        'NAEH[ERUNG] ', ⟨cfeld⟩ , ⟨anz⟩
                        'REALTEIL {<} [=] ', ⟨wert⟩
                                  {>}
⟨protokoll⟩   ::=      'PROTOKOLL [:] {VER[FAHREN] '   [,'ZWI']    }
                                      {ZWI[SCHENERG]' [, 'VER']   }
```

Dabei bedeuten:

⟨m1⟩ , ⟨m2⟩ , ⟨rad⟩ , ⟨anf⟩ , ⟨end⟩ , ⟨wert⟩ reelle Variable oder Konstante,

⟨anz⟩ , ⟨n1⟩ , ⟨n2⟩ ganzzahlige Variable oder Konstante,

⟨cfeld⟩ komplexer Vektor oder Matrix der Real- und Imaginärteile.

Die hierbei auftretenden Variablen müssen beim Aufruf des Moduls MEIWEP mit den entsprechenden Werten belegt sein.

Die Semantik dieser Aufgabenbeschreibung ist unmittelbar aus den Schlüsselwörtern ableitbar:

⟨m1⟩ , ⟨m2⟩ ⟨rad⟩	bezeichnen Real- und Imaginärteil des Mittelpunktes und den Radius des Kreises, in dessen Inneren liegende Eigenwerte zu berechnen sind;
⟨anf⟩ , ⟨end⟩	sind die Intervallgrenzen, innerhalb derer die Eigenwerte zu berechnen sind;
⟨anz⟩	gibt die Anzahl der zu berechnenden (betrags-)kleinsten oder (betrags-)größten Eigenwerte an;
⟨n1⟩ , ⟨n2⟩	bezeichnen die Nummern der zu berechnenden Eigenwerte, wobei die Numerierung beim (betrags-)kleinsten beginnt;
⟨cfeld⟩	enthält die Eigenwertnäherungen (mit Real- und Imaginärteil), die durch MEIWEP verbessert werden sollen - die Anzahl dieser Näherungen wird durch den hier ebenfalls folgenden Parameter ⟨anz⟩ mitgeteilt;
⟨wert⟩	gibt die untere bzw.obere Schranke der Realteile der zu berechnenden Eigenwerte an.

Bei der Vorgabe von Protokollwünschen durch den Nutzer erfolgt bei der Abarbeitung des Programmsystems MEIWEP eine Protokollierung der verwendeten Verfahren bzw. von Zwischenergebnissen.

- Ausgangs-Parameter

EIG Feld der Länge 5(n+1), wobei n die Anzahl der in ⟨aufgabe⟩ beschriebenen Teilaufgaben ist. Es enthält die Teilkodierung der Aufgabenstellung, die von MEIWEP bearbeitet wird,

IANZ INTEGER-Variable, die die Anzahl der durch CODEIG kodierten Teilaufgaben enthält.

Die Ausgangsparameter müssen unverändert (auch ohne Umspeicherung) dem Modul MEIWEP übergeben werden.

• Funktion des Moduls

Der Modul CODEIG realisiert die Umsetzung der fast verbalen Aufgabenbeschreibung in eine für dem Modul MEIWEP verständliche Form. Da zwischen CODEIG und MEIWEP Speicheradressen vermittelt werden, müssen die in der Parameterliste angegebenen Variablen bzw. Konstanten in derselben Programmphase des Nutzers definiert sein, zu der auch der Modul MEIWEP gehört, während der Modul CODEIG selbst zu einer anderen Phase gehören kann.

Der Speicherbedarf des Moduls CODEIG beträgt etwa 3k Byte.

Der Modul MEIWEP

• Rufzeile CALL MEIWEP (NM,N,M,TYP,SYM,POS,IPD,IANZ,EIG,CODER,EWC, IEWANZ,EV,IEVANZ,IER,SPFORM,GENK)

• Besonderheiten

Der Modul MEIWEP ist von FORTRAN-Programmen aufrufbar. Läßt der Compiler keine komplexen Variablen zu, so ist bei Bedarf eine zusätzliche Größe der Dimension 2 aufzunehmen, so daß jeweils Real- und Imaginärteil aufeinanderfolgen.

Einige Parameter des Moduls MEIWEP werden als Zeichenkette (Literal) verlangt, dadurch wird die Lesbarkeit des Programms verbessert. Bei derartigen Zeichenketten sind jeweils die ersten drei Zeichen signifikant, d. h. die bei der Erläuterung der Parameter angegebenen Schlüsselworte können bis auf drei Zeichen abgekürzt werden (außer beim Parameter SPFORM); z. B. sind folgende Parameterangaben äquivalent:

'SYMMETRISCH', 'SYMMETR.', 'SYM'.

Der Nutzer kann die letzten k ($1 \leq k \leq 5$) weglassen. Eventuelle Ausgangsgrößen des Programmsystems für weggelassene Parameter werden ignoriert, für Eingangsgrößen werden Standardwerte angenommen.

• Eingangsparameter

NM: INTEGER-Variable, enthält die Zeilen- bzw. Spaltenanzahl der im rufenden Programm vereinbarten Matrizen (A und EV);

N: INTEGER-Variable, Dimension der Ursprungsmatrix, N $\leq$ NM;

M: INTEGER-Variable, Bandbreite der Ursprungsmatrix (= 1 + Anzahl der Subdiagonalen);

A: Feld für die Ursprungsmatrix, für die Eigenwerte und Eigenvek-

toren berechnet werden sollen.
Der Typ der Elemente von A muß mit der Angabe im Parameter TYP übereinstimmen, die Speicherform der Matrix A muß mit der Angabe im Parameter SPFORM übereinstimmen.

TYP: Literal für den Typ der Elemente der Matrizen A und EV, mögliche Schlüsselworte sind:
'REELL' für reell, einfach genau,
'DREELL' für reell, doppelt genau,
'KOMPLEX' für komplex, einfach genau,
'DKOMPLEX' für komplex, doppelt genau.

SYM: Literal oder Ø, Angabe über eventuelle Symmetrie der Ursprungsmatrix, mögliche Schlüsselworte sind:
'SYMMETRISCH' bei reeller symmetrischer Ursprungsmatrix,
'HERMITESCH' bei hermitescher komplexer Ursprungsmatrix,
Ø besagt, daß die Ursprungsmatrix unsymmetrisch ist oder der Nutzer keine Aussage machen kann.

POS: Literal oder Ø, Angabe über eventuelle Positivität der Ursprungsmatrix; mögliche Schlüsselworte sind:
'POSITIV' für eine nichtnegative Ursprungsmatrix,
'NEGATIV' für eine nichtpositive Ursprungsmatrix,
sonst ist Ø zu schreiben.

IPD: Literal oder Ø, Angabe über eventuelle Definitheit der Ursprungsmatrix; mögliche Schlüsselworte sind:
'DPOSITIV' für eine positiv definite Ursprungsmatrix,
'DNEGATIV' für eine negativ definite Ursprungsmatrix,
sonst ist Ø zu schreiben.

IANZ: INTEGER-Variable, Anzahl der Spalten des Feldes EIG, das mit Aufgabenbeschreibungen belegt ist.

EIG: REAL*4-Feld der Dimension (5,L) in FORTRAN mit L = IANZ + 1, enthält die Aufgabenstellung für das Programmsystem MEIWEP in kodierter Form.

CODER: Literal, Angabe über die Art der Kodierung der Aufgabenstellung; als Schlüsselworte sind möglich:
'SYSTEM' wenn IANZ und EIG durch den Modul CODEIG belegt worden sind,
'NUTZER' wenn der Nutzer die Kodierung der Aufgabe im Feld EIG selbst vorgenommen hat; in diesem Falle müssen noch die folgenden Elemente belegt werden:

EIG (1,IANZ+1) = ∅ nur EW zu berechnen
1 EW und zugehörige EV zu berechnen
-1 EW und einige EV zu berechnen

EIG (2,IANZ+1) = 1 Protokoll der verwendeten Verfahren erforderlich
∅ sonst

EIG (3,IANZ+1) = 1 Protokoll von Zwischenergebnissen erforderlich
∅ sonst.

SPFORM: Literal, ∅ oder leer, Angabe zur Speicherform der Ursprungsmatrix A; folgende Schlüsselworte sind zulässig:

'SP' A ist spaltenweise in einer NMxNM-Matrix gespeichert (FORTRAN-Standard),

'ZW' A ist zeilenweise in einer NMxNM-Matrix gespeichert (PL/1-Standard),

'SYM-SP'
'SYM-ZW' } Das obere Dreieck der symmetrischen oder hermiteschen Matrix ist als lineares Feld der Länge (N(N+1))/2 lückenlos gespeichert (d. h. NM ist ohne Bedeutung) - der Zusatz SP bedeutet spaltenweise und ZW zeilenweise.

'BAND-SP'
'BAND-ZW' } Die symmetrische oder hermitesche Bandmatrix mit der Bandbreite M ist als NMxM-Matrix gespeichert, so daß deren erste Spalte die Hauptdiagonale der Ursprungsmatrix enthält, die zweite die erste Superdiagonale usw. Die rechte untere Ecke der NMxM-Matrix ist bei dieser Speicherform nicht belegt. - der Zusatz SP bedeutet spaltenweise und ZW zeilenweise.

∅ oder leer führt zur Standardannahme 'SP'.

GENK: Vektor der Länge 4, Angaben über Genauigkeit der Ursprungsmatrix A und Genauigkeitsforderungen für die zu berechnenden Eigenwerte:

GENK(1) relative Genauigkeit der Elemente von A,
GENK(2) absolute Genauigkeit der Elemente von A,
GENK(3) relative Genauigkeit der Eigenwerte,
GENK(4) absolute Genauigkeit der Eigenwerte.

Für alle Genauigkeitsangaben kann ∅ eingetragen werden, es wird dann mit Standardgenauigkeit gerechnet. Die Genauigkeitsangaben dürfen jeweils nur entweder absolut oder relativ gegeben werden,d. h., mindestens eines der Elemente

GENK(1) und GENK(2) bzw. GENK(3) und GENK(4) muß Ø sein. Beim Weglassen des Parameters GENK wird standardgemäß für alle Elemente Ø angenommen.

- Ausgangsparameter

EWC: Vektor der Länge L (IEWANZ ≤ L ≤ NM), reell, falls durch die Parameter TYP und SYM eine reelle symmetrische oder eine komplexe hermitesche Matrix spezifiziert wurde, sonst komplex; enthält in den ersten IEWANZ Elementen die berechneten Eigenwerte.

IEWANZ: INTEGER-Variable, enthält die Anzahl der berechneten Eigenwerte.

EV: Feld der Dimension (NM, L) in FORTRAN bzw. (L,NM) in PL/1 mit IEVANZ ≤ L ≤ NM; der Typ der Elemente von EV stimmt mit dem der Elemente der Ursprungsmatrix A überein. Die ersten IEVANZ Spalten (in FORTRAN) bzw. Zeilen (in PL/1) von EV enthalten die berechneten Eigenvektoren in der Reihenfolge der zugehörigen Eigenwerte in EWC, die dort ebenfalls als die ersten IEVANZ Eigenwerte gespeichert sind. Werden für eine reelle nichtsymmetrische Ursprungsmatrix konjugiert komplexe Eigenwerte berechnet, enthalten die beiden zugehörigen Spalten von EV den Real- und Imaginärteil des ersten der beiden konjugiert komplexen Eigenvektoren.

IEVANZ: INTEGER-Variable, enthält die Anzahl der in EV enthaltenen Eigenvektoren der berechneten Eigenvektoren.

IER: INTEGER-Variable, enthält den Fehleranzeiger des Programmsystems.

= Ø es wurden keine Fehler festgestellt,

≠ Ø durch Zahlenangaben von 1 bis 13 werden bestimmte aufgetretene Fehlersituationen charakterisiert, die sich auf unsinnige Aufgabenstellungen, überhöhte Genauigkeitsforderungen und überschrittene Iterationszahlbegrenzungen beziehen; genauere Angaben sind in der internen Dokumentation der THK enthalten.

Kodierung der Aufgabenstellung im EIG-Feld

Wie in der Erläuterung der Benutzung des Moduls MEIWEP bereits erwähnt, ist es möglich, daß der Nutzer auf den Aufruf des Moduls CODEIG zur Kodierung seiner Aufgabenstellung verzichten kann, wenn er in der Lage ist, das entsprechende EIG-Feld selbst zu kodieren. Dazu soll hier der Aufbau der Kodierung erläutert werden.

Das EIG-Feld hat die Dimension (5,IANZ+1) und folgenden Aufbau:

	I	II	III	IV	V	VI
KZ	0	0	1	1	-1	1
RZ	Re(z)	Re(z)	0	1	1	-1
IZ	Im(z)	Im(z)	a	k	k	a
R	r	0	b	l	l	±1
ANZ	N	1	N	l-k+1	l-k+1	N

Die Spalten I bis VI geben mögliche Aufgabenstellungen an:

I alle Eigenwerte aus einem Kreis mit dem Mittelpunkt z und dem Radius r sind zu berechnen,

II Die Eigenwertnäherung z ist zu verbessern,

III alle Eigenwerte aus dem Intervall (a,b) sind zu berechnen,

IV der k-te bis l-te Eigenwert sollen berechnet werden,

V Berechnung des betragsmäßig k-ten bis l-ten Eigenwertes,

VI Berechnung aller Eigenwerte, deren Realteile für R = +1 größer oder gleich a und für R = -1 kleiner oder gleich a sind.

Im Programmsystem MEIWEP bestehen die folgenden drei Möglichkeiten der Berechnung von Eigenwerten und Eigenvektoren, die mit Hilfe des Elementes EIG(1,IANZ+1) unterschieden werden: es sollen für

EIG(1,IANZ+1) =
- Ø nur Eigenwerte und keine Eigenvektoren,
- 1 zu allen zu berechnenden Eigenwerten auch Eigenvektoren,
- -1 zu einigen der zu berechnenden Eigenwerte auch Eigenvektoren

berechnet werden. Für den Fall, daß durch EIG(1,IANZ+1) = -1 angegeben ist, nur zu einigen Eigenwerten auch Eigenvektoren zu berechnen, ist eine genauere Spezifikation notwendig. In einer Spalte, bestehend aus den Elementen KZ, RZ, IZ, R, ANZ, werden die zu berechnenden Eigenwerte einer Teilaufgabe angegeben. Für diese Teilaufgabe treten wieder die drei oben erwähnten Möglichkeiten auf: zu den zu berechnenden Eigenwerten sollen

keine Eigenvektoren		Anzahl
alle Eigenvektoren	charakterisiert durch ANZ =	Anzahl + N
einige Eigenvektoren		Anzahl + 2N

berechnet werden; Anzahl gibt die Anzahl der zu berechnenden Eigenwerte an. Wenn nur einige Eigenvektoren zu den angegebenen Eigenwerten berechnet werden sollen, d. h. der Inhalt von ANZ liegt zwischen 2N und 3N, werden die benötigten Eigenvektoren in der darauffolgenden

Spalte spezifiziert. Diese Folgespalte muß wieder eine der Formen I bis VI haben. Mit Hilfe des Elementes ANZ kann wieder angegeben werden, ob eine weitere Folgespalte auftritt, die noch andere Eigenvektoren spezifiziert; bei $N < ANZ \leq 2N$ existiert eine Folgespalte, bei $0 < ANZ \leq N$ nicht.

Der Kodierung der Protokollierungsforderungen des Nutzers dienen die Elemente EIG(2,IANZ+1) und EIG(3,IANZ+1):

$$\text{EIG(2,IANZ+1)} = \begin{cases} \emptyset & \text{keine Verfahrensprotokollierung,} \\ 1 & \text{Verfahrensprotokollierung,} \end{cases}$$

$$\text{EIG(3,IANZ+1)} = \begin{cases} \emptyset & \text{keine Protokollierung von Zwischenergebnissen,} \\ 1 & \text{Protokollierung von Zwischenergebnissen unter-} \\ 2 & \text{schiedlichen Umfangs.} \end{cases}$$

7. Modulbeschreibungen

In diesem Kapitel werden diejenigen Moduln beschrieben, die ein Nutzer benötigt, wenn er ein Matrizeneigenwertproblem mit Hilfe des Programmsystems MEIWEP so lösen will, daß er die Modulfolge selbst zusammenstellt und damit den Lösungsprozeß für sein Problem festlegt. Die Moduln sind nach den Typen der Matrizen geordnet, für die sie anwendbar sind und innerhalb dieser Zweige in logischer Reihenfolge. Eine Ausnahme macht der Modul UFEX, der in allen Zweigen des Programmsystems verwendet wird. Er dient der rundungsfehlerfreien Skalierung von Matrizen und Vektoren. Er soll deshalb zuerst beschrieben werden.

Der Modul UFEX

Autor: Dipl.-Math. A. Meyer
Der Modul wird mit Hilfe von U = UFEX(R) aufgerufen, und er dient der Erzeugung einer Zahl $\text{UFEX(R)} = 16^{-k}$, k eine ganze Zahl, so daß $1/16 \leq R \cdot \text{UFEX(R)} < 1$ gilt. Dabei ist R eine reelle einfach-genaue Variable, für die $|R| > 16^{-62}$ gelten muß.

In den nachfolgenden Modulbeschreibungen sind der Name des Autors des jeweiligen Moduls (alle Autoren sind Angehörige der Sektion Mathematik der Technischen Hochschule Karl-Marx-Stadt), die Aufgabe des Moduls, seine Rufzeile sowie Beschreibungen der COMMON-Variablen, der Eingangs- und Ausgangsparameter enthalten, wenn es sinnvoll ist, diesen Modul als selbständiges Unterprogramm zu nutzen. Für alle Moduln, die nur im Zusammenhang mit anderen Programmen des Programmsystems eingesetzt werden können, ist lediglich eine Kurzbeschreibung der Aufgabe dieses Moduls angegeben.

Alle Moduln des Programmsystems besitzen einen gemeinsamen COMMON-Bereich mit dem Namen STEUER von 40 4-Byte-Worten. Davon sind die ersten 30 INTEGER- und die letzten 10 REAL-Variable. Die Bedeutung der COMMON-Variablen und ihr Platz im Bereich STEUER ist in jedem Modul erklärt, der diese Variable benötigt.
Der Inhalt der COMMON-Variablen MACHEP = STEUER (36) ist die Maschinengenauigkeit ε_{m1} bzw. ε_{m2} bei Arbeit mit einfach-genauer bzw. doppelt-genauer Arithmetik.

7.1. Symmetrischer Zweig

Der Modul HTRED

Autor: Dipl.-Math. G. Meinel

- Aufgabe

HTRED ist ein Hilfsmodul, der verwendet wird, wenn die Ursprungsmatrix bereits tridiagonal ist. Er dient der Herstellung der Speicherform der Matrix, wie sie von DTRED2 erzeugt und von den nachfolgenden Moduln verwendet wird.

- Rufzeile des Moduls CALL HTRED (NM,D,E,E2,A)
- COMMON-Variable

  N (E) = STEUER(1), INTEGER-Variable, enthält die Dimension der Ursprungsmatrix
- Eingangsparameter

  NM INTEGER-Variable, enthält die Zeilenanzahl der im Hauptprogramm vereinbarten entsprechenden Matrix

  A REAL*4-Feld der Dimension (NM,N), enthält die Ursprungsmatrix mit der Bandbreite M = 2
- Ausgangsparameter

  D REAL*4-Vektor der Dimension N, enthält die Diagonale der Ursprungsmatrix

  E REAL*4-Vektor der Dimension N, enthält die Subdiagonale der Ursprungsmatrix, E(1) = 0.

  E2 REAL*4-Vektor der Dimension N, enthält die Quadrate der Elemente der Subdiagonale der Ursprungsmatrix,E2(1) = 0.

Der Modul DTRED2

Autor: Dipl.-Math. G. Meinel

- Aufgabe

Der Modul DTRED2 tridiagonalisiert die auf dem Feld Z befindliche Matrix nach der Methode von Householder [18]. Die Tridiagonalgestalt wird durch N-2 orthogonale Ähnlichkeitstransformationen erreicht; d.h.

$$PZP^T = (E,D,E) \text{ mit } P = P_{N-2}\, P_{N-3} \dots P_1,$$

D ist die Diagonale und E die Sub- (bzw. Super-)diagonale der Tridiagonalmatrix.

Im j-ten Schritt wird

$$Z_{j+1} = P_j Z_j P_j \text{ gebildet mit } Z_1 = Z,\; P_j = I - U_j U_j^T / H_j,$$

$$(1)\quad H_j = U_j^T U_j / 2,\; U_j = (z_{i1}^{(j)} \dots z_{i,i-1}^{(j)} \pm \sigma_i \quad 0 \dots 0)^T,\; i = N-j+1$$

und

$$\sigma_i = \Big(\sum_{l=1}^{i-1} (z_{il}^{(j)})^2 \Big)^{1/2}.$$

Das Vorzeichen von σ_i in (1) wird entsprechend dem Vorzeichen von $z_{i,i-1}^{(j)}$ gewählt. Die j-te Transformation eliminiert die Elemente der $i = (N-j+1)$-ten Zeile von Z_j links von der Subdiagonalen und die dazu symmetrischen Elemente der i-ten Spalte. Um Unterläufe zu vermeiden, werden vor der j-ten Transformation die Elemente der (N-j+1)-ten Zeile links der Hauptdiagonalen geeignet skaliert.

Während der Arbeit des Moduls werden die eliminierten Zeilenelemente nicht überschrieben, die transformierten Subdiagonalelemente werden in E(j) gespeichert. Dadurch bleiben alle Informationen über die ausgeführten Transformationen erhalten.

Nach [19] ist die berechnete Matrix orthogonal ähnlich zu einer Matrix Z+E, wobei

$$\|E\|_E \leq c.\, \varepsilon_{m2}.\|Z\|_E \,.\, N^2 \text{ gilt}$$

Für Matrizen mittlerer Dimension $N \leq 200$ gilt dann

$$\|E\|_E < c \,.\, 10^{-11}\|Z\|_E \,.$$

Vergleicht man diesen durch die Tridiagonalisierung mit doppeltgenauer Arithmetik entstandenen Fehler mit dem durch die einfachgenaue Darstellung der Matrixelemente entstehenden Fehler der Größenordnung

$$\varepsilon_{m1} \,.\|Z\|_E \,,$$

so ist ersichtlich, daß bei weiterer Rechnung mit einfach-genauer Arithmetik der Tridiagonalisierungsfehler vernachlässigt werden kann. Die Ausgangsgrößen von DTRED2 können als Eingabe für die Moduln BISECT, IMTQL, RATQR und TINVIT dienen. Vor der Arbeit des Moduls IMTQL mit Berechnung von Eigenvektoren müssen die Transformationsinformationen im unteren Dreieck der Matrix Z mit Hilfe des Moduls DTRAK2 zur Transformationsmatrix akkumuliert werden.

- Rufzeile des Moduls

  CALL DTRED2 (NM,D,E,E2,Z)
- COMMON-Variable

  N (E) = STEUER(1), INTEGER-Variable, enthält die Dimension der Ursprungsmatrix
- Eingangsparameter

  NM INTEGER-Variable, enthält die Zeilenanzahl der im Hauptprogramm vereinbarten entsprechenden Matrix

  Z REAL*8-Feld der Dimension (NM,N), enthält die zu tridiagonalisierende Matrix
- Ausgangsparameter

  Z REAL*8-Feld der Dimension (NM,N), enthält im linken unteren Dreieck (Z(I,J) mit I ≥ J+1) Informationen über die ausgeführten orthogonalen Transformationen

  D REAL*8-Vektor der Dimension N, enthält die Hauptdiagonale der Tridiagonalmatrix

  E REAL*8-Vektor der Dimension N, enthält die Subdiagonale der Tridiagonalmatrix, E(1) = 0

  E2 REAL*8-Vektor der Dimension N, enthält die Quadrate der Elemente der Subdiagonalen der Tridiagonalmatrix, E2(1) = 0.

Der Modul DTRAK2

Autor: Dipl.-Math. G. Meinel

- **Aufgabe**

Aus den Informationen über die in DTRED2 ausgeführten Ähnlichkeitstransformationen, das sind die Komponenten der Vektoren U_j von

$$P_j = I - U_j U_j^T / H_j, \quad H_j = U_j^T U_j / 2,$$

wird die Matrix $P = P_{N-2} P_{N-1} \dots P_1$ akkumuliert.

Die Transformationsmatrix wird mit doppelt-genauer Arithmetik berechnet. Bei weiterer Rechnung mit einfach-genauer Arithmetik ist der hierbei entstandene Fehler vergleichsweise vernachlässigbar.

- Rufzeile des Moduls

  CALL DTRAK2 (NM,Z)
- COMMON-Variable

  N (E) = STEUER(1), INTEGER-Variable, enthält die Dimension der Ursprungsmatrix
- Eingangsparameter

  NM INTEGER*4-Variable, enthält die Zeilenanzahl der im Hauptprogramm vereinbarten entsprechenden Matrix

Z REAL*8-Feld der Dimension (NM,N), enthält die Informationen über die in DTRED2 ausgeführten Ähnlichkeitstransformationen

- Ausgangsparameter

  Z REAL*8-Feld der Dimension (NM,N), enthält die Transformationsmatrix

Der Modul HTRAK

Autor: Dipl.-Math. G. Meinel

- Aufgabe

Falls die Ursprungsmatrix schon tridiagonal war, wird mit Hilfe dieses Moduls die Transformationsmatrix vor dem Aufruf des Moduls IMTQL zur Eigenwert- und Eigenvektorberechnung mit der Einheitsmatrix belegt.

- Rufzeile des Moduls

  CALL HTRAK (NM,A)

- COMMON-Variable

  N (E) = STEUER(1), INTEGER-Variable, die die Dimension der Ursprungsmatrix enthält

- Eingangsparameter

  NM INTEGER-Variable, die die Zeilenanzahl der im Hauptprogramm vereinbarten entsprechenden Matrix enthält

- Ausgangsparameter

  A REAL*4-Feld der Dimension (NM,N), enthält die Einheitsmatrix

Der Modul IMTQL

Autor: Dipl.-Math. G. Meinel

- Aufgabe

Der Modul IMTQL bestimmt alle Eigenwerte und, wenn gefordert, auch die zugehörigen Eigenvektoren für eine symmetrische Tridiagonalmatrix mit Hilfe des impliziten QL-Algorithmus [19]. Dieser Algorithmus basiert auf der QL-Zerlegung der Matrix $(A_i - k_i I)$ in jedem Iterationsschritt, so daß eine neue Matrix durch unitäre Ähnlichkeitstransformation entsteht

$$A_{i+1} = Q_i A_i Q_i^T,$$

wobei die Verschiebung nicht explizit berechnet wird. Die Verschiebung k_i im i-ten Iterationsschritt ergibt sich aus dem Eigenwert der augenblicklich führenden 2x2-Matrix, der dichter am ersten Hauptdiagonalelement liegt.

Vor jeder Iteration wird die aktuelle Matrix auf mögliche Aufspaltung in Teilmatrizen untersucht. Kann das erste Diagonalelement abgespalten werden, wird es als Eigenwert akzeptiert, und der Algorithmus wird mit der Restmatrix fortgesetzt. Beim Aufspalten im mittleren Teil der Matrix werden die entstehenden Teilmatrizen getrennt weiter verarbeitet.

Die berechneten Eigenwerte werden in aufsteigender Reihenfolge geordnet. Für LV = 1 wird während der QL-Schritte die Transformationsmatrix akkumuliert, und es werden die Eigenvektoren berechnet.

Wenn keine Eigenvektoren berechnet werden sollen (LV = 0), werden für die Eigenwerte Fehlerschranken berechnet entsprechend der Abschätzung

$$|\lambda_i - \tilde{\lambda}_i| \leq s_i \, \|A\| \, \varepsilon_{m1} ,$$

wobei s_i die Anzahl der für die Abspaltung des Eigenwertes erforderlichen Iterationen, $\|A\|$ die Spektralnorm der Tridiagonalmatrix und ε_{m1} die Maschinengenauigkeit ist.

Werden für die Bestimmung eines Eigenwertes mehr als 30 Iterationen benötigt, wird der Algorithmus beendet und der Fehleranzeiger IERR = 2 gesetzt. Die COMMON-Variable INDFEH enthält den Wert L-1, wenn L der Index des Eigenwertes ist, bei dem der Fehler aufgetreten ist. Die ersten L-1 Eigenwerte können als richtig angesehen werden, sie sind aber nicht geordnet und auch nicht unbedingt die L-1 kleinsten.

- Rufzeile des Moduls
  CALL IMTQL (NM,D,E,DH,DE,UG,OG,IT,IND,Z)
- COMMON-Variable

N	(E)	= STEUER(1), INTEGER-Variable, enthält die Dimension der Ursprungsmatrix
IERR	(A)	= STEUER(17), INTEGER-Variable, enthält einen Fehleranzeiger; = 2 bei Überschreiten der maximalen Iterationszahl
KEV	(E)	= STEUER(19), INTEGER-Variable, enthält die Anzahl der zu berechnenden Eigenvektoren
LV	(E)	= STEUER(22), INTEGER-Variable, enthält eine Kenngröße zur Berechnung von Eigenvektoren: = 0 es sollen nur Eigenwerte berechnet werden, = 1 es sind Eigenwerte und Eigenvektoren zu berechnen
INDFEH	(A)	= STEUER(23), INTEGER-Variable, enthält den Index des Eigenwertes, bei dem die Iterationszahlüberschreitung auftrat

ANORM	(E)	= STEUER(31), REAL*4-Variable, enthält eine obere Schranke für die Norm der Tridiagonalmatrix
MACHEP	(E)	= STEUER(36), REAL*4-Variable, enthält die Maschinengenauigkeit ε_{m1}

- Eingangsparameter

NM	INTEGER-Variable, enthält die Zeilenanzahl der im Hauptprogramm vereinbarten entsprechenden Matrix
D	REAL*4-Vektor der Dimension N, enthält die Diagonale der Tridiagonalmatrix
E	REAL*4-Vektor der Dimension N, enthält die Subdiagonale der Tridiagonalmatrix, E(1) = 0
UG	REAL*4-Vektor der Dimension N, enthält untere Schranken für die Eigenwerte
OG	REAL*4-Vektor der Dimension N, enthält obere Schranken für die Eigenwerte
Z	REAL*4-Feld der Dimension (NM,N), enthält bei LV = 1 die bisher akkumulierte Transformationsmatrix (Ausgabe vom Modul HTRAK2 oder DTRAK2)

- Ausgangsparameter

DH	REAL*4-Vektor der Dimension N, enthält die berechneten Eigenwerte
DE	REAL*4-Vektor der Dimension N, enthält die Subdiagonale der Tridiagonalmatrix, in der kleine Elemente = 0 gesetzt wurden
UG	REAL*4-Vektor der Dimension N, enthält verbesserte untere Schranken für die Eigenwerte
OG	REAL*4-Vektor der Dimension N, enthält verbesserte obere Schranken für die Eigenwerte
IT	INTEGER-Vektor der Dimension N, enthält die Iterationszahlen, die zur Abspaltung des entsprechenden Eigenwertes notwendig waren
IND	INTEGER-Vektor der Dimension N, enthält die Nummer des Hauptdiagonalblockes, in dem der entsprechende Eigenwert gefunden wurde
Z	REAL*4-Feld der Dimension (NM,N), enthält bei LV = 1 die berechneten Eigenvektoren

Der Modul BISECT

Autor: Dipl.-Math. C. Konzack

- Aufgabe

Der Modul BISECT bestimmt mit Hilfe des Verfahrens der Bisektion

Eigenwerte der durch die Felder D und E gegebenen symmetrischen Tridiagonalmatrix. Die Eingangsparameter KK und LL geben den Anfangs- und Endindex der zu berechnenden Eigenwerte an, wenn die natürliche Ordnung der Eigenwerte vorausgesetzt wird.

Zuerst werden die Subdiagonalelemente auf Vernachlässigbarkeit getestet. Ein Element wird als vernachlässigbar erkannt, wenn

$$[|E(I)| = MACHEP.(|D(I)| + |D(I-1)|)] \wedge [|E(I)| \leq MACHEP \cdot ANORM]$$

ist. Dann werden E(I) und E2(I) Null gesetzt, und dadurch zerfällt die tridiagonale Matrix in eine Blockdiagonalmatrix. Anschließend bestimmt der Modul BISECT das Intervall (a,b), das den KK-ten bis LL-ten Eigenwert enthält.

Bei mehrfachen Eigenwerten kann es vorkommen, daß das Intervall mehr als die geforderten Eigenwerte (LL-KK+1) enthält. In diesem Fall werden der KK'-te bis LL'-te Eigenwert berechnet, und KK' und LL' sind Ausgabeparameter.

Als nächstes wird der oberste Diagonalblock auf innerhalb des Intervalls gelegene Eigenwerte untersucht. Wenn solche existieren, wird für diesen Block das Gerschgorinintervall berechnet und dazu benutzt, das Intervall (a,b) einzuschränken. Dann werden die Teilintervalle, die Eigenwerte aus (a,b) enthalten, durch einen Halbierungsprozeß weiter eingeschränkt, bis die Endpunkte so dicht liegen, daß

$$XO - XU \leq 2 \cdot MACHEP \cdot (|XO| + |XU|) + EPS1$$

gilt, wenn XO obere und XU untere Intervallgrenze ist. Dann wird mit Hilfe der Sturmschen Kette geprüft, ob der im Intervall (XU,XO) liegende Eigenwert mehrfach ist. Die so ermittelten Eigenwerte werden danach in die anderen bisher gefundenen Eigenwerte im Feld W eingeordnet. Diese Schritte werden für alle Diagonalblöcke ausgeführt, bis alle Eigenwerte aus dem Intervall (a,b) berechnet sind.

Ist das Eingangs-EPS1 nicht positiv, wird EPS1 = MACHEP.ANORM gesetzt.

- Rufzeile des Moduls
  CALL BISECT (D,E,E2,W,BD,UG,OG,IND,KK,LL)

- COMMON-Variable

  N (E) = STEUER(1), INTEGER-Variable, enthält die Dimension der Ursprungsmatrix

  ANORM (E) = STEUER(31), REAL*4-Variable, enthält die obere Schranke für die Norm der Tridiagonalmatrix

  MACHEP (E) = STEUER(36), REAL*4-Variable, enthält die Maschinengenauigkeit ε_{m1}

EPS1 (E,A) = STEUER(37), REAL*4-Variable, enthält die absolute Abbruchschranke für die Bisektion

- Eingangsparameter

D REAL*4-Vektor der Dimension N, enthält die Diagonale der Tridiagonalmatrix

E(E2) REAL*4-Vektor der Dimension N, enthält die (Quadrate der) Subdiagonale der Matrix, E(1) = 0.0 (E2(1) = 0.)

UG REAL*4-Vektor der Dimension N, enthält untere Schranken für die Eigenwerte

OG REAL*4-Vektor der Dimension N, enthält obere Schranken für die Eigenwerte

KK INTEGER-Variable, enthält Index des kleinsten zu berechnenden Eigenwertes

LL INTEGER-Variable, enthält Index des größten zu berechnenden Eigenwertes

- Ausgangsparameter

W REAL*4-Vektor der Dimension N, enthält die berechneten Eigenwerte in den Positionen KK bis LL

UG REAL*4-Vektor der Dimension N, enthält in den entsprechenden Positionen verbesserte untere Schranken für die berechneten Eigenwerte (jeweils linker Randpunkt des letzten Bisektionsintervalls)

OG REAL*4-Vektor der Dimension N, enthält in den entsprechenden Positionen verbesserte obere Schranken für die berechneten Eigenwerte (jeweils rechter Randpunkt des letzten Bisektionsintervalls)

IND INTEGER-Vektor der Dimension N, enthält für die berechneten Eigenwerte die Nummer des Diagonalblocks, in dem der jeweilige Eigenwert gefunden wurde

KK INTEGER-Variable, enthält den Index des kleinsten berechneten Eigenwertes

LL INTEGER-Variable, enthält den Index des größten berechneten Eigenwertes

- Hilfsfelder

BD REAL*4-Feld der Dimension N

<u>Der Modul RATQR</u>

Autor: Dipl.-Math. G. Meinel

- Aufgabe

Es werden die M kleinsten bzw. größten Eigenwerte der durch D und E gegebenen Tridiagonalmatrix mit Hilfe einer rationalen Variante des

QR-Algorithmus berechnet.

Zunächst werden die Subdiagonalelemente auf Vernachlässigbarkeit getestet. Sie werden als vernachlässigbar erkannt, wenn

$$\left[|E(I)| \leq MACHEP \cdot (|D(I)| + |D(I-1)|\right] \wedge \left[|E(I)| \leq MACHEP.ANORM\right]$$

gilt, werden E(I) und E2(I) Null gesetzt und dadurch die gegebene Tridiagonalmatrix in eine Blockdiagonalmatrix gewandelt.

Diese Blockdiagonalmatrix wird dann um ihre untere Gerschgorinschranke verschoben, und mit dieser so entstandenen Matrix werden nun die QR-Schritte mit Newton-Verschiebungen ausgeführt. Die QR-Schritte werden für jeden Eigenwert zunächst als Voriterationen ausgeführt. Nach der Ausführung einer bestimmten Anzahl von Voriterationen wird der Iterationsprozeß mit der aktuellen Verschiebung, aber mit Diagonal- und Subdiagonalelementen, wie sie vor den Voriterationen waren, fortgeführt. Diese Verfahrensweise sichert eine Verringerung der Rundungsfehler im Vergleich zum Iterationsprozeß ohne Voriterationen. Die Anzahl der Voriterationen wird in Abhängigkeit von der Dimension der Matrix festgesetzt. Für $N < 40$ werden 5 Voriterationen und für $N = 40$ werden N/8 Voriterationen, maximal 15, durchgeführt.
Der rationale QR-Algorithmus beginnt mit der Anfangsverschiebung s und der Zerlegung der verschobenen Matrix

$$A - sI = L.R$$

in das Produkt einer unteren bidiagonalen Matrix L und eine oberen bidiagonale Matrix R.

Dann wird $A' = R.L$

gebildet und $A' = L'.R'$

wieder zerlegt. Die danach gebildete Matrix $A'' = R'.L'$ dient als Ausgangsmatrix für den nächsten rationalen QR-Schritt.

Zur Berechnung der Verschiebung werden Zwischenwerte, die bei der Zerlegung entstehen, benutzt, so daß der zusätzliche Aufwand zur Berechnung der Newton-Verschiebung gering ist. Der QR-Algorithmus spaltet einen Eigenwert ab, wenn ein Hauptdiagonalelement betragsmäßig kleiner als EPS1 wird. Der theoretische Fehler des k-ten berechneten Eigenwertes wird begrenzt durch die Summe der k bisher vernachlässigten Diagonalelemente.

Wenn die Abbruchschranke EPS1 kleiner ist als MACHEP.Verschiebung, wird EPS1 gleich diesem Wert gesetzt.

- Rufzeile des Moduls
  CALL RATQR (D,E,E2,W,IND,BD,M,TYPE)
- COMMON-Variable

N (E) = STEUER(1), INTEGER-Variable, enthält die Dimension der Ursprungsmatrix

IPD (E,A)= STEUER(9), INTEGER-Variable,

= 1 die Tridiagonalmatrix ist positiv definit
= -1 die Tridiagonalmatrix ist negativ definit
= 0 die Tridiagonalmatrix ist nicht definit oder es ist nichts über die Definitheit bekannt

ANORM (E) = STEUER(31), REAL*4-Variable, enthält eine obere Schranke für die Norm der Matrix

MACHEP (E) = STEUER(36), REAL*4-Variable, enthält die Maschinengenauigkeit ε_{m1}

EPS1 (E,A)= STEUER(37), REAL*4-Variable, enthält die absolute Abbruchschranke für den QR-Schritt

ANORM1 (A) = STEUER(38), REAL*4-Variable, enthält die Norm der Tridiagonalmatrix nach der ersten Verschiebung im Algorithmus

- Eingangsparameter

D REAL*4-Vektor der Dimension N, enthält die Diagonale der Tridiagonalmatrix (wird im Verlauf des Algorithmus zerstört)

E REAL*4-Vektor der Dimension N, enthält die Subdiagonale der Tridiagonalmatrix, E(1) = 0.0

E2 REAL*4-Vektor der Dimension N, enthält die Quadrate der Elemente der Subdiagonale, E2(1) = 0.0

M INTEGER-Variable, enthält die Anzahl der zu berechnenden Eigenwerte

TYPE LOGICAL-Variable, = TRUE, wenn die kleinsten und = FALSE, wenn die größten Eigenwerte zu berechnen sind

- Ausgangsparameter

W REAL*4-Vektor der Dimension N, enthält die berechneten Eigenwerte in den Positionen, die ihrer natürlichen Ordnung entsprechen

IND INTEGER-Vektor der Dimension N, enthält jeweils die Nummer des Diagonalblocks, in dem der entsprechende Eigenwert gefunden wurde

- Hilfsfelder

BD REAL*4-Vektor der Dimension N

Der Modul TINVIT

Autor: Dipl.-Math. B. Döhler

- Aufgabe

Für eine vorgegebene Menge von Eigenwertnäherungen einer symmetrischen Tridiagonalmatrix werden mit Hilfe der Inversen Iteration die zugehörigen Eigenvektoren berechnet und die Eigenwertnäherungen verbessert. Dabei wird speziell auf eine Blockstruktur der Tridiagonalmatrix und die mögliche Existenz dicht benachbarter Eigenwerte eingegangen, um eine gute Orthogonalität der berechneten Eigenvektoren zu erhalten.
Der Lösungsalgorithmus ist der folgende:
Gegeben ist eine symmetrische Tridiagonalmatrix

$$T = (t_{ij})_{i,j=1}^{N} , \quad t_{ij} = 0 \text{ für } |i-j| \geq 2$$

und eine Menge von Eigenwertnäherungen, deren zugehörige Eigenvektoren zu berechnen sind. Die Matrix T besitze Blockdiagonalgestalt

$$T = \text{diag } (T_1, T_2, \ldots, T_m)$$

mit den irreduziblen Blöcken T_i, die sukzessiv abgearbeitet werden. Für die Teilmatrix T_i mit den Indexgrenzen LOW und UPP werden Eigenwertnäherungen betrachtet, die im Vektor MARK mit 1 und im Vektor IND mit i gekennzeichnet sind. Können die Eigenwertnäherungen vom Nutzer des Moduls nicht solchen Hauptdiagonalblöcken zugeordnet werden, dürfen keine Nebendiagonalelemente von T Null sein, und der Vektor IND muß mit Einsen gefüllt werden. Bei der Berechnung der Eigenvektoren werden nur die Komponenten jeweils von LOW bis UPP bestimmt, während die übrigen Komponenten Null gesetzt werden.

Ist zu der Eigenwertnäherung λ der Eigenvektor zu berechnen, beginnt die Inverse Iteration mit der QR-Zerlegung der Matrix $T_i - \lambda I$ durch das Unterprogramm QRZS. Dann besteht ein Iterationsschritt im wesentlichen in der Lösung des Gleichungssystems

$$R\tilde{x}_k = Q^T x_{k-1} \qquad k = 1,2,\ldots,$$

die von den Unterprogrammen INMOS und QMULS realisiert wird.
Die Eigenvektornäherung x_k ergibt sich dann aus

$$x_k = \tilde{x}_k / \|\tilde{x}_k\|_2 .$$

In Anlehnung an [7] wird

$$x_0 = (1 \quad \varepsilon_{LOW+1} \ldots \varepsilon_{UPP})^T \text{ mit}$$

$$\varepsilon_k = \begin{cases} \varepsilon_{m1}\|T\| t_{k-1,k} & \text{für } |t_{k-1,k}| \geq \varepsilon_{m1}\|T\| \\ 1 & \text{sonst} \end{cases} , \quad k = LOW+1, \ldots, UPP$$

als Startvektor verwendet.

Der Iterationsprozeß bricht ab, falls die Norm des Defekts für Eigenvektornäherung und entsprechendem Rayleighquotienten die Größe ε_{it} unterschreitet. Bei NUFOHO = 1 oder EPSAA = 0 wird $\varepsilon_{it} = \varepsilon_{m1} \|T\|$ gesetzt, sonst ist ε_{it} = EPSAA.

Es werden mindestens 2 und höchstens 50 Iterationsschritte ausgeführt. Dicht benachbarte Eigenwerte werden besonders behandelt [1], wobei zwei Eigenwerte als dicht benachbart angesehen werden, wenn

$$|\lambda_i - \lambda_j| < \varepsilon_{m1} \|T\| \quad \text{oder} \quad |\lambda_i - \lambda_j| < 10^{-3} |\lambda_j|$$

gilt. Gehört die Eigenwertnäherung zu einer Gruppe dicht benachbarter Eigenwerte, wird der berechnete Eigenvektor bezüglich der schon vorhandenen Eigenvektoren zu Eigenwerten dieser Gruppe orthogonalisiert. Ist ein weiterer Eigenvektor zu einem Eigenwert dieser Gruppe zu berechnen, wird als neuer Startvektor der Vektor verwendet, der durch die Orthogonalisierung der Eigenvektornäherung des vorhergehenden Iterationsschrittes bezüglich der bereits berechneten Eigenvektoren entsteht. Dazu dient das Unterprogramm ORTHO.
Für die Normierung der Eigenvektoren, die Berechnung der Rayleighquotienten und der Normen der Defekte wird das Unterprogramm DEFNOR verwendet.

Ist die Norm des Defektes für einen berechneten Eigenvektor nach Beendigung der Iteration größer als ε_{it}, wird IERR = 4 gesetzt.

Der Modul TINVIT benötigt für seine Arbeit die Moduln:
QRZS, QMULS, INMOS, ORTHO, DEFNOR und UFEX.

- Rufzeile des Moduls
  CALL TINVIT (NM,A,D,E,W,EV,H1,...H6,DEFV,MARK,IND)

- COMMON-Variable

N	(E)	= STEUER(1), INTEGER-Variable, enthält die Dimension der Ursprungsmatrix
IERR	(A)	= STEUER(17), INTEGER-Variable, = 4 bei Konvergenzversagen
NUFOHO	(E)	= STEUER(24), INTEGER-Variable, = 1 bei zu hohen Genauigkeitsforderungen des Nutzers
ANORM	(E)	= STEUER(31), REAL*4-Variable, enthält eine obere Schranke für die Norm der Tridiagonalmatrix
EPSAA	(E)	= STEUER(34), REAL*4-Variable, enthält die vom Nutzer geforderte absolute Genauigkeit der Eigenwerte, = 0 keine Genauigkeitsforderung

MACHEP (E) = STEUER(36), REAL*4-Variable, enthält die Maschinengenauigkeit ε_{m1}

- Eingangsparameter

NM INTEGER-Variable, enthält die Zeilenanzahl der im Hauptprogramm vereinbarten entsprechenden Matrizen

D REAL*4-Vektor der Dimension N, enthält die Hauptdiagonale der Tridiagonalmatrix

E REAL*4-Vektor der Dimension N, enthält die Subdiagonale der Tridiagonalmatrix, E(1) = 0.0

W REAL*4-Vektor der Dimension N, enthält die in aufsteigender Ordnung geordneten Eigenwertnäherungen

MARK INTEGER-Vektor der Dimension N, Markierungsvektor, MARK(I) = 1 bedeutet, daß zur Eigenwertnäherung W(I) der Eigenvektor berechnet werden soll

IND INTEGER-Vektor der Dimension N, enthält die Nummern der Hauptdiagonalblöcke, in denen die entsprechenden Eigenwerte gefunden wurden; das Feld wird von den Algorithmen IMTQL, BISECT und RATQR belegt

- Ausgangsparameter

A REAL*4-Feld der Dimension (NM,N), enthält die berechneten Eigenvektoren in den durch die Position der entsprechenden Eigenwerte im Vektor W bestimmten Spalten

W REAL*4-Vektor der Dimension N, enthält verbesserte Eigenwertnäherungen

DEFV REAL*4-Vektor der Dimension N, enthält die Normen der Defekte für die entsprechenden Paare Eigenwert, Eigenvekter

- Hilfsfelder

EV, H1,...,H6 REAL*4-Vektoren

Der Modul QRZS

Autor: Dipl.-Math. B. Döhler, Dipl.-Math. W. Müller

- Aufgabe

Der symmetrische Tridiagonalblock $T - \lambda I$ auf der Hauptdiagonalen mit den Indexgrenzen LOW und UPP wird durch die Anwendung von UPP - LOW orthogonale Drehungsmatrizen der Gestalt

$$Q_i = \operatorname{diag}(I, U_i, I) \quad \text{mit } i = \text{LOW}, \text{LOW}+1, \ldots, \text{UPP}-1 \quad \text{und}$$

$$U_i = \begin{pmatrix} c_i & s_i \\ s_i & -c_i \end{pmatrix} \text{ belegt die Zeilen und Spalten } i,\ i+1,$$

$$c_i^2 + s_i^2 = 1,$$

in eine tridiagonale Rechtsdreiecksmatrix überführt. Somit entsteht die QR-Zerlegung

$$T - \lambda I = QR \quad \text{mit} \quad Q = Q_{LOW} \cdots Q_{UPP-1} .$$

Wird die Matrix

$$H = Q_{k-1} \cdots Q_1 (T - \lambda I) = (h_{ij}) \text{ mit } i,j = LOW,\ldots,UPP$$

von links mit der Matrix Q_k multipliziert, ergibt sich die Matrix U_k aus der Bedingung, daß nach der Multiplikation das Element in der Position (k+1,k) Null wird. Gilt

$$|h_{k+1,k}| < \varepsilon_{m1} \|T\| \text{ wird } U_k = \begin{pmatrix} 1 & 0 \\ 0 & 1 \end{pmatrix} \text{ und für}$$

$$|h_{kk}| < \varepsilon_{m1} \|T\| \text{ wird } U_k = \begin{pmatrix} 0 & 1 \\ 1 & 0 \end{pmatrix} \text{ gesetzt.}$$

Die erzeugte QR-Zerlegung ist exakt für eine um ΔT gestörte Matrix

$$(T - \lambda I + \Delta T) = QR,$$

wobei sich die Norm von ΔT mit $n = UPP-LOW+1$ für $\|T\| \leq 1$ abschätzen läßt durch

$$\|\Delta T\|_2 \lesssim \sqrt{5}\; n\, \varepsilon_{m1} .$$

<u>Der Modul QMULS</u>

Autor: Dipl.-Math. B. Döhler, Dipl.-Math. W. Müller

- Aufgabe

Mit Hilfe des Moduls QMULS wird ein Vektor X mit einer orthogonalen Matrix multipliziert, die als Produkt von elementaren Drehungsmatrizen gegeben ist. Diese Drehungsmatrizen haben die im Modul QRZS angegebene Gestalt und sind in QS und QC gespeichert. Durch die Multiplikation mit den UPP-LOW elementaren Drehungsmatrizen werden die Komponenten LOW bis UPP des Vektors X verändert.

<u>Der Modul INMOS</u>

Autor: Dipl.-Math. B. Döhler, Dipl.-Math. W. Müller

- Aufgabe

Mit Hilfe des Moduls INMOS wird ein singuläres oder fast singuläres Gleichungssystem mit einer tridiagonalen Rechtsdreiecksmatrix gelöst, wobei alle Komponenten des Lösungsvektors durch rundungsfehlerfreie Skalierung kleiner als Eins gehalten werden.

Das Gleichungssystem Rx = tb wird in den Indexgrenzen LOW und UPP gelöst, wobei R die tridiagonale Rechtsdreiecksmatrix ist, die in R1, R2,

R3 gespeichert ist. Die Auflösung erfolgt nach [17], wobei sich der Skalierungsfaktor im Verlauf der Rechnung so ergibt, daß $1/16 < \|x\|_\infty \leq 1$ gilt.
Der Lösungsvektor x ist die exakte Lösung eines gestörten Gleichungssystems

$$(R + \Delta R)x = tb,$$

für das bei $\|R\| \leq 1$ die Abschätzung

$$\|\Delta R\|_2 < \varepsilon_{m1}$$

gilt.

Der Modul ORTHO

Autor: Dipl.-Math. B. Döhler

- Aufgabe

Der Modul ORTHO ist in seiner Struktur an die Zusammenarbeit mit dem Modul TINVIT eingerichtet.
Mit Hilfe des Moduls ORTHO wird die berechnete Eigenvektornäherung v_k zu einer anderen vorher berechneten Eigenvektornäherung v_i orthogonalisiert

$$v_k = v_k - (v_k^T v_i)v_i.$$

Der Modul DEFNOR

Autor: Dipl.-Math. B. Döhler

- Aufgabe

Es wird eine Eigenvektornäherung einer symmetrischen Tridiagonalmatrix im Euklidischen Sinn normiert und die Norm des zugehörigen Defektes berechnet.

Alle Berechnungen beziehen sich auf einen Hauptdiagonalblock

$$T_k = (t_{ij}), \; i,j = LOW,\ldots,UPP \text{ und}$$

$$t_{ij} = 0. \text{ für } |i-j| \geq 2.$$

Bei MK $\neq$ 1 werden das Normquadrat der Eigenvektornäherung EV und der Rayleighquotient

$$\mu = (T_k x, x)/(x,x) \text{ mit } x = EV$$

bestimmt. Im Fall MK = 1 sind diese Größen gegeben.

Das Normquadrat des Defektes σ wird nach der Formel

$$\|\sigma\|^2 = \|T_k x - \mu x\|^2 / \|x\|^2$$

berechnet. Abschließend wird x durch Division durch $\|x\|$ normiert.

Der Modul TRBAK2

Autor: Dipl.-Math. G. Meinel

- Aufgabe

Der Modul TRBAK2 führt die Rücktransformation der mit dem Modul TINVIT berechneten Eigenvektoren aus, wenn die Ursprungsmatrix vorher mit Hilfe des Moduls DTRED2 tridiagonalisiert worden ist.

Die Rücktransformation wird mit Hilfe der Informationen über die ausgeführten Spiegelungen in DTRED2, die in der Matrix Z gespeichert sind, realisiert. Für MARK(I) = 1 wird der in der I-ten Spalte A befindliche Eigenvektor transformiert. Die Euklidischen Normen der Eigenvektoren bleiben erhalten, weil nur orthogonale Transformationen ausgeführt werden.

- Rufzeile des Moduls

  CALL TRBAK2 (NM,A,Z.MARK)

- COMMON-Variable

N	(E)	= STEUER(1), INTEGER-Variable, enthält die Dimension der Ursprungsmatrix
KEV	(E)	= STEUER(19), enthält die Anzahl der zu transformierenden Eigenvektoren

- Eingangsparameter

NM	INTEGER-Variable, enthält die Zeilenanzahl der im Hauptprogramm vereinbarten entsprechenden Matrizen
A	REAL*4-Feld der Dimension (NM,N), enthält die berechneten Eigenvektoren, die Spalte I enthält den Eigenvektor zum I-ten Eigenwert
Z	REAL*4-Feld der Dimension (NM,N), enthält Informationen über die im Modul DTRED2 ausgeführten orthogonalen Transformationen, es wird das entsprechende Ausgangsfeld aus DTRED2 verarbeitet
MARK	INTEGER-Vektor, enthält Markierungen über die Positionen der zu transformierenden Eigenvektoren

- Ausgangsparameter

A	REAL*4-Feld der Dimension (NM,N), enthält in den entsprechenden Spalten die transformierten Eigenvektoren

7.2. Reell-nichtsymmetrischer Zweig

Der Modul SYMTES

Autor: Dipl.-Math. A. Meyer

- **Aufgabe**

Tridiagonalmatrizen $A = (a_{ij})$ lassen sich unter der Bedingung, daß

$$a_{i+1,i} \cdot a_{i,i+1} > 0 \quad \text{für alle } i = 1,\dots,n-1$$

gilt, in eine symmetrische Tridiagonalmatrix überführen. Die Elemente der diagonalen Transformationsmatrix werden nach

$$d_1 = 1,\ d_{i+1}^2 = (a_{i+1,i}/a_{i,i+1}) \cdot d_i^2,\quad i = 2,\dots,n,$$

berechnet. Ist das Produkt $a_{i+1,i} \cdot a_{i,i+1} = 0$, aber einer der beiden Faktoren von Null verschieden, wird die Matrix als nicht symmetrisierbar angesehen.

Die Elemente der symmetrischen Tridiagonalmatrix sind dann t_{ij}:

$$t_{ii} = a_{ii} \quad \text{und} \quad t_{i+1,i}^2 = a_{i,i+1} \cdot a_{i+1,i} = t_{i,i+1}^2$$

für die Diagonalelemente $i = 1,\dots,n$ und für die Subdiagonalelemente $i = 1,\dots,n-1$.

Der Algorithmus entspricht dem Programm FIGI aus [15].

- **Rufzeile des Moduls**

  CALL SYMTES (NM,A,D,AL,B.B2,D2)

- **COMMON-Variable**

  N (E) = STEUER(1), INTEGER-Variable, enthält die Dimension der Ursprungsmatrix

  ISYMM (A) = STEUER(11), INTEGER-Variable, enthält einen Anzeiger für die Symmetrisierbarkeit der Matrix A; ISYMM = 1: die Matrix ist symmetrisierbar, ISYMM = 0: die Matrix ist nicht symmetrisierbar

- **Eingangsparameter**

  NM INTEGER-Variable, enthält die Zeilenanzahl der im übergeordneten Programm vereinbarten Matrix

  A REAL*4-Feld der Dimension (NM,N), enthält eine Tridiagonalmatrix als volle Matrix gespeichert, aber nur Haupt-, Sub- und Hyperdiagonale werden benutzt; die Matrix A bleibt unverändert

- **Ausgangsparameter**

  AL REAL*4-Vektor der Dimension N, enthält die Hauptdiagonale der symmetrisierten Matrix (= Diagonale der Ursprungsmatrix)

  B REAL*4-Vektor der Dimension N, enthält die Subdiagonale der symmetrisierten Matrix, B(1) ist nicht belegt

  B2 REAL*4-Vektor der Dimension N, enthält die Quadrate der Subdiagonalelemente, B2(1) ist nicht belegt

D REAL*4-Vektor der Dimension N, enthält die Hauptdiagonale der Transformationsmatrix, die die Symmetrisierung erreicht

- Hilfsfelder

D2 REAL*8-Vektor der Dimension N, dient der Erhöhung der Genauigkeit bei der Berechnung der Quadrate der Transformationselemente

Der Modul RBAL

Autor: Dipl.-Math. B. Döhler

- Aufgabe

Wenn es möglich ist, wird durch Ähnlichkeitstransformationen mit Permutationsmatrizen die Matrix A in die Gestalt

$$\begin{pmatrix} R & S & T \\ O & U & V \\ O & O & W \end{pmatrix} = PAP, \text{ P Permutationsmatrix}$$

überführt, wobei R und W Rechtsdreiecksmatrizen mit Eigenwerten der Matrix A auf der Hauptdiagonalen und U ein quadratischer Hauptdiagonalblock mit den Grenzindizes LOW und UPP sind. Anschließend wird in einem Iterationsprozeß der Hauptdiagonalblock so balanciert, daß die Euklidische Norm durch eine diagonale Ähnlichkeitstransformation reduziert wird, um die Genauigkeit bei der nachfolgenden Eigenwert- und Eigenvektorberechnung zu erhöhen. Das entspricht einer Ähnlichkeitstransformation mit einer Matrix C der Gestalt

$$C = \text{diag}\ (1,\ldots,1,C(LOW),\ \ldots,\ C(UPP),\ 1,\ldots,1).$$

Die Werte C(LOW),..., C(UPP) werden nach der von Osborne [10] vorgeschlagenen Methode ohne Veränderung der Ursprungsmatrix iterativ bestimmt. Nach der Berechnung der endgültigen Diagonalmatrix wird die Ähnlichkeitstransformation in doppelt-genauer Arithmetik ausgeführt.

Die Informationen über die Matrizen P und C sind in dem Vektor DIAGON gespeichert:

$$DIAGON(J) = \begin{cases} P(J) & 1 \leq J \leq LOW \\ C(J) & LOW \leq J \leq UPP \\ P(J) & UPP < J \leq N \end{cases}.$$

Die Informationen über die Permutationsmatrix P bedeuten: in der Reihenfolge J = N, N-1, ..., UPP+1 bzw. J = 1,2,..., LOW-1 wurden die J-te und P(J)-te Zeile bzw. Spalte vertauscht.

Zum Schluß werden die Elemente der Matrix

$$D = C^{-1}PAPC$$

durch die Zahl SCALE = 16^k dividiert, wobei k die kleinste ganze Zahl ist, für die

$$16^k \geq \left(\max_{LOW \leq J \leq UPP} \sum_{I=LOW}^{UPP} |D(I,J)| \cdot \max_{LOW \leq I \leq UPP} \sum_{J=LOW}^{UPP} |D(I,J)| \right)^{1/2}$$

gilt. Zur Berechnung des Wertes SCALE wird das Unterprogramm UFEX benutzt.

Insgesamt wird die Rechnung in RBAL demnach so ausgeführt, daß Rundungsfehler nur bei der einmaligen Diagonaltransformation der Ursprungsmatrix in doppelt-genauer Arithmetik auftreten; d. h., der relative Fehler ist maximal ε_{m2}.

- Rufzeile des Moduls
  CALL RBAL (NM,A,X,D,DIAGON,HV)

- COMMON-Variable

N	(E)	= STEUER(1), INTEGER-Variable, enthält die Dimension der Ursprungsmatrix
LOW	(A)	= STEUER(15), INTEGER-Variable, enthält den Anfangsindex des Hauptdiagonalblockes, der nicht in obere Dreiecksgestalt gebracht wurde
UPP	(A)	= STEUER(16), INTEGER-Variable, enthält den entsprechenden Endindex (siehe LOW)
ANORM	(A)	= STEUER(31), REAL*4-Variable, enthält eine obere Schranke für die Spektralnorm der balancierten Matrix
SCALE	(A)	= STEUER(40), REAL*4-Variable, enthält einen Skalierungsfaktor für die balancierte Matrix

- Eingangsparameter

NM	INTEGER-Variable, enthält die Zeilenanzahl der im rufenden Programm vereinbarten Matrix
A	REAL*4-Feld der Dimension (NM,N), enthält die Elemente der Ursprungsmatrix

- Ausgangsparameter

D	REAL*8-Feld der Dimension (NM,N), enthält die Elemente der balancierten Matrix; um den Speicherbedarf zu verringern, kann das Feld D den gleichen Speicherplatz wie die Felder A und X zusammen belegen, wenn das Feld A an einer Doppelwortgrenze beginnt und das Feld X unmittelbar daran anschließt.
DIAGON	REAL*4-Vektor der Dimension N, enthält die Informationen über die ausgeführten Ähnlichkeitstransformationen

- Hilfsfelder

  X REAL*4-Feld der Dimension (NM,N)

  HV REAL*4-Vektor der Dimension N

Der Modul RHOIT

Autor: Dipl.-Math. L. Skurt

- Aufgabe

Mit Hilfe des Moduls RHOIT werden der betragsgrößte Eigenwert und der zugehörige Eigenvektor einer nichtnegativen bzw. nichtpositiven Matrix berechnet. Falls die Eingangsmatrix nichtpositiv ist, wird sie durch Multiplikation mit -1 in eine nichtnegative umgewandelt. Bei der Arbeit des Moduls wird angenommen, daß die Eingangsmatrix durch den Modul RBAL balanciert wurde; von ihm werden LOW und UPP belegt. Sonst muß LOW = 1 und UPP = N gesetzt werden. Wenn die gegebene Matrix reduzibel sein kann, ist es jedoch ratsam, vorher den Modul RBAL einzusetzen. Nachdem zuerst der größte Eigenwert des Teiles der Matrix bestimmt wurde, der schon Dreiecksgestalt besitzt, wird mit Hilfe des Moduls POSMA der größte Eigenwert mit zugehörigem Eigenvektor des Hauptdiagonalblockes in den Grenzen LOW und UPP berechnet. Je nachdem, ob der größte Eigenwert der Gesamtmatrix der größte der Dreiecksmatrix oder des Hauptdiagonalblockes ist, muß noch der zugehörige Eigenvektor berechnet werden oder nicht.

Der Modul RHOIT stellt das Steuerprogramm zur Berechnung des betragsgrößten Eigenwertes dar und ruft die Moduln POSMA, GAUSS und INMOU auf.

- Rufzeile des Moduls

  CALL RHOIT (NM,A,X,EWR,EWI,MARK,E1,E2,E3)

- COMMON-Variable

N	(E)	= STEUER(1), INTEGER-Variable, enthält die Dimension der Ursprungsmatrix
P	(E)	= STEUER(4), INTEGER-Variable, = 1: die Eingangsmatrix ist nichtnegativ, = -1: die Eingangsmatrix ist nichtpositiv
IPROTD	(E)	= STEUER(14), INTEGER-Variable, enthält eine Steuergröße für die Datenprotokollierung: > 0 der Eigenwert und > 1 zusätzlich der Eigenvektor werden ausgedruckt
LOW	(E)	= STEUER(15), INTEGER-Variable, enthält den Anfangsindex des balancierten Hauptdiagonalblockes
UPP	(E)	= STEUER(16), INTEGER-Variable, enthält den entsprechenden Endindex (siehe LOW)

IERR (A) = STEUER(17), INTEGER-Variable, enthält einen Fehleranzeiger; = 11, wenn nach 100 Iterationen im Modul POSMA keine Konvergenz eingetreten ist

- Eingangsparameter

NM INTEGER-Variable, enthält die Zeilenanzahl der im rufenden Programm vereinbarten Matrizen

A REAL*4-Feld der Dimension (NM,N), enthält die balancierte Matrix mit nichtnegativen bzw. nichtpositiven Elementen

- Ausgangsparameter

X REAL*4-Feld der Dimension (NM,N), enthält in der ersten Spalte den berechneten Eigenvektor

EWR REAL*4-Vektor der Dimension N, EWR(1) ist mit dem berechneten Eigenwert belegt

EWI REAL*4-Vektor der Dimension N, EWI(1) = 0.

MARK INTEGER-Vektor der Dimension N, MARK(1) =1, MARK(i) = 0 für i ≠ 1

- Hilfsfelder

Ei i = 1,2,3; REAL*4-Vektoren der Dimension N

Der Modul POSMA

Autor: Dipl.-Math. L. Skurt

- Aufgabe

Die Berechnung des größten Eigenwertes und des zugehörigen Eigenvektors erfolgt für einen Hauptdiagonalblock in den Grenzen LOW und UPP einer nichtnegativen Matrix mit Hilfe einer speziellen Variante der Inversen Iteration [13, 14]. In jedem Iterationsschritt wird ein Gleichungssystem

$$(\mu_{ko} I - A)x^{(k+1)} = t_k x^{(k)}$$

mit Hilfe des Gaußschen Algorithmus gelöst; t_k ist ein Normierungsfaktor. Um Rechenzeit einzusparen, wird der Spektralverschiebungsparameter nicht in jedem Iterationsschritt aktualisiert, sondern entsprechend einer vorgegebenen Strategie [14]. Nach der Berechnung der neuen Näherung $x^{(k+1)}$ werden

$$\mu_{k+1} = \mu_k - \min_{1 \le i \le N} (q_i^{(k)}) . t_k \quad \text{mit} \quad q_i^{(k)} = x_i^{(k)} / x_i^{(k)} \qquad \text{und}$$

$$\beta_{k+1} = \mu_k + \max_{1 \le i \le N} (q_i^{(k)}) . t_k \text{ , } n = \text{UPP} - \text{LOW} + 1,$$

berechnet, wobei μ_k obere und β_k untere Schranken für den größten Eigenwert der Matrix A sind.

Als Startwerte werden

$$x^{(o)} = (1,1,\ldots,1)^T \quad \text{und} \quad \mu_o = \max_{1 \le i \le n} \sum_{j=1}^{n} a_{ij}$$

verwendet.
Der Abbruch der Iteration erfolgt, wenn

$$\mu_k - \beta_{k+1} \le \varepsilon \cdot \mu_{k+1}$$

gilt.
Für die Lösung des Gleichungssystems wird das Unterprogramm GAUSS aufgerufen.

Der Modul GAUSS

Autor: Dipl.-Math. L. Skurt

- Aufgabe

Das Unterprogramm dient der Lösung eines linearen Gleichungssystems, dessen Systemmatrix eine M-Matrix ist [12]. Solche Matrizen entstehen bei der Anwendung der Inversen Iteration zur Berechnung des größten Eigenwertes für Matrizen mit nichtnegativen Elementen.
In diesem Zusammenhang wird das Unterprogramm vom Modul POSMA aufgerufen.

Falls K > 0 gilt, wird die Eingangsmatrix B in das Produkt einer Links- und einer Rechtsdreiecksmatrix zerlegt. Da die Matrix B nach Voraussetzung eine M-Matrix sein soll, muß $r_{ii} > 0$ für die Diagonalelemente der Rechtsdreiecksmatrix gelten. Die LR-Zerlegung wird aus diesem Grunde nur so lange durchgeführt, wie die Eigenschaft $r_{ii} > 0$ erfüllt ist. Andernfalls ist die M-Matrizeneigenschaft verletzt, und der Algorithmus GAUSS kann in dieser Form nicht mehr verwendet werden.

Wenn K = 0 gilt, wird die im Feld B gespeicherte LR-Zerlegung verwendet und nur das Rechtsdreieckssystem gelöst; dazu wird der Modul INMOU aufgerufen. Die auftretenden Skalarprodukte werden doppelt-genau berechnet.

Der Modul INMOU

Autor: Dipl.-Math. A. Meyer/Dipl.-Math. W. Müller

- Aufgabe

Mit Hilfe des Moduls INMOU wird ein singuläres oder fast singuläres Gleichungssystem mit der oberen Dreiecksmatrix R gelöst, wobei die Elemente des Lösungsvektors durch geeignete Skalierung betragsmäßig kleiner als 1 gehalten werden. Unter Verallgemeinerung einer in [17] vorgeschlagenen Variante zur Lösung solcher Gleichungssysteme für tridiagonale Rechtsdreiecksmatrizen wird anstelle des Systems

$$Rx = b \text{ das System } Rx = tb$$

gelöst, wobei der Skalierungsfaktor t im Verlaufe der Rechnung so bestimmt wird, daß

$$\|x\|_\infty \leq 1$$

gilt. Die Skalierung wird rundungsfehlerfrei mit Faktoren 16^k vorgenommen, die durch das Unterprogramm UFEX erzeugt werden.

Der Modul INMOU wird zur Lösung der in den Moduln INVITR und GAUSS auftretenden Gleichungssysteme mit Rechtsdreiecksmatrizen, die sich aus der Anwendung der Inversen Iteration ergeben, verwendet.

Der Modul HOUSE

Autor: Dipl.-Math. J.-P. Sommer

- Aufgabe

Die Transformation der vollen Matrix D auf obere Hessenberggestalt wird nach dem Householderverfahren vorgenommen: es wird

$$H = T^{-1}DT,$$

wobei H die obere Hessenbergmatrix ist und die Matrix T aus

$$T = S_{LOW} \cdot S_{LOW+1} \cdots S_{UPP-2}$$

entsteht und $S_i = I - 2w_i w_i^T$, $i = LOW,\ldots,UPP-2$, $w_i^T w_i = 1$,

gilt. Die Vektoren w_i werden so gewählt, daß in der Spalte i unterhalb des Elementes mit den Indizes i+1, i Nullen erzeugt werden, wenn mit der Matrix S_i eine Ähnlichkeitstransformation ausgeführt wird. Die Transformationsmatrix wird im Modul HOUSE nicht explizit berechnet, die dafür notwendigen Informationen sind in der linken unteren Ecke des Feldes D und dem Vektor R enthalten. Wenn erforderlich, kann die Transformationsmatrix mit Hilfe des Moduls HSAKK berechnet werden. Sind nur einige Eigenvektoren zu berechnen, können die mit Inverser Iteration berechneten Eigenvektoren der Hessenbergmatrix H nachträglich durch den Modul INVIBK in Eigenvektoren der Matrix D rücktransformiert werden.
Alle Berechnungen werden mit doppelt-genauer Arithmetik ausgeführt.

- Rufzeile des Moduls
  CALL HOUSE (NM,P,Q,R,D)

- COMMON-Variable

N	(E)	= STEUER(1), INTEGER-Variable, enthält die Dimension der Matrix D
LOW	(E)	= STEUER(15), INTEGER-Variable, enthält den Anfangsindex des Hauptdiagonalblockes, der in Hessenberg-

gestalt transformiert werden soll

UPP (E) = STEUER(16), INTEGER-Variable enthält den Endindex des zu betrachtenden Hauptdiagonalblockes (siehe LOW) - die Variablen LOW und UPP werden vom Modul RBAL belegt

- Eingangsparameter

NM INTEGER-Variable, enthält die Zeilenanzahl der im Hauptprogramm vereinbarten Matrizen

D REAL*8-Feld der Dimension (NM,N), enthält die zu transformierende volle Matrix

- Ausgangsparameter

D REAL*8-Feld der Dimension (NM,N), enthält in der rechten oberen Ecke die obere Hessenbergmatrix und in den übrigen Elementen Informationen über die ausgeführten Transformationen

R REAL*8-Vektor der Dimension N, enthält weitere Informationen über die ausgeführten Transformationen

- Hilfsfelder

P, Q REAL*8-Vektoren der Dimension N

Der Modul HSAKK

Autor: Dipl.-Math. J.-P. Sommer

- Aufgabe

Der Modul HSAKK baut aus den vom Modul HOUSE bereitgestellten Informationen über die ausgeführten orthogonalen Ähnlichkeitstransformationen die vollständige Transformationsmatrix auf. Der Modul HSAKK wird benötigt, wenn mit Hilfe des Moduls QRALL alle Eigenwerte und die dazugehörigen Eigenvektoren berechnet werden sollen.
Alle Berechnungen erfolgen mit doppelt-genauer Arithmetik.

- Rufzeile des Moduls

CALL HSAKK (NM,P,Q,R,D)

- COMMON-Variable

LOW (E) = STEUER(15), INTEGER-Variable, enthält den Anfangsindex des im Modul HOUSE transformierten Hauptdiagonalblockes

UPP (E) = STEUER(16), INTEGER-Variable, enthält den entsprechenden Endindex des Hauptdiagonalblockes (siehe LOW)

- Eingangsparameter

NM INTEGER-Variable, enthält die Zeilenanzahl der im Hauptprogramm vereinbarten entsprechenden Matrix

D REAL*8-Feld der Dimension (NM,N), enthält in den Elementen D(I,J) mit I > J+1 Informationen über die in HOUSE ausgeführten Transformationen

R REAL*8-Vektor der Dimension N, enthält weitere Informationen über die in HOUSE ausgeführten Transformationen

- Ausgangsparameter

D REAL*8-Feld der Dimension (NM,N), enthält die Transformationsmatrix

- Hilfsfelder

P, Q REAL*8-Vektoren der Dimension N

Der Modul BLOCAN

Autor: Dipl.-Math. A. Meyer

- Aufgabe

Für einige Varianten des QR-Algorithmus ist es nötig, die Blockstruktur einer Hessenbergmatrix zu kennen. Der Modul BLOCAN stellt diese Informationen in zwei Vektoren bereit. Gleichzeitig werden von den dabei erkannten (1x1)- und (2x2)-Hauptdiagonalblöcken die Eigenwerte berechnet. Wenn für einen Index i

$$|a_{i+1,i}| < \varepsilon_{m1} \, (|a_{ii}| + |a_{i+1,i+1}|)$$

gilt, wird an der Stelle i eine Blockaufspaltung festgestellt. Die Anfangs- und Endindizes der so entstehenden Hauptdiagonalblöcke werden in BLOCA(J) und BLOCE(J) gespeichert, wobei J die Nummer des entsprechenden Hauptdiagonalblockes mit einer Dimension größer als 2 ist, J = 1,...,IBZ.

Falls AKK = 1 gilt, wird IBZ = 1, BLOCA(1) = LOW und BLOCE(1) = UPP gesetzt. Die Moduln VORKRE/QRKREI, QRNAEH und QRALL basieren auf den Ergebnissen des Moduls BLOCAN.

- Rufzeile des Moduls

CALL BLOCAN (NM,A,EWR,EWI,BLOCA,BLOCE)

- COMMON-Variable

N (E) = STEUER(1), INTEGER-Variable, enthält die aktuelle Dimension der Ursprungsmatrix

LOW (E) = STEUER(15), INTEGER-Variable, enthält den Anfangsindex des zu bearbeitenden Hauptdiagonalblockes

UPP (E) = STEUER(16), INTEGER-Variable, enthält den Endindex des zu bearbeitenden Hauptdiagonalblockes

AKK (E) = STEUER(22), INTEGER-Variable, = 0, wenn mit dem QR-Algorithmus keine Eigenvektoren mitberechnet werden, = 1, wenn mit Hilfe des QRALL alle Eigenwerte und

Eigenvektoren berechnet werden sollen

EPS (E) = STEUER(36), REAL*4-Variable, enthält die Maschinengenauigkeit ε_{m1}

IBZ (A) = STEUER(28), INTEGER-Variable, enthält die Anzahl der Hauptdiagonalblöcke mit einer Dimension größer als 2

- Eingangsparameter

NM INTEGER-Variable, enthält die Zeilenanzahl der im Hauptprogramm vereinbarten entsprechenden Matrizen

A REAL*4-Feld der Dimension (NM,N), enthält die Hessenbergmatrix

- Ausgangsparameter

EWR REAL*4-Vektor, enthält die Realteile der sofort berechenbaren Eigenwerte aus den auftretenden (1x1)- und (2x2)-Hauptdiagonalblöcken. EWR ist nur an den Stellen i besetzt, an denen diese Hauptdiagonalblöcke auftreten.

EWI REAL*4-Vektor, enthält die entsprechenden Imaginärteile der sofort berechenbaren Eigenwerte (siehe EWR)

BLOCA INTEGER-Vektor der Dimension IBZ < N/2, enthält die Anfangsindizes der Hauptdiagonalblöcke mit einer Dimension größer als 2

BLOCE INTEGER-Vektor der Dimension IBZ < N/2, enthält die Endindizes der Hauptdiagonalblöcke, deren Anfangsindizes in BLOCA enthalten sind

Der Modul QRNAEH

Autor: Dipl.-Math. J.-P. Sommer

- Aufgabe

Der Modul QRNAEH berechnet zu vorgegebenen Näherungen die nächstgelegenen Eigenwerte einer oberen Hessenbergmatrix mit Hilfe einer speziellen Steuerung der Arbeit des QR-Algorithmus [16]. Bei der Benutzung dieses Moduls ist zu beachten, daß

1. bei komplexen Näherungen der Imaginärteil positiv anzugeben ist (es werden die beiden konjugiert komplexen Eigenwerte berechnet) und
2. die Näherungen in betragsmäßig wachsender Folge angegeben und ihre Anzahl IM ≤ N/10 sein sollten.

Für jede der gegebenen Näherungen wird in den einzelnen Diagonalblöcken der Hessenbergmatrix und unter den bereits bekannten Eigenwerten nach dem nächstgelegenen gesucht. Beim Suchen in den Diagonalblöcken werden QR-Schritte mit Hilfe des Moduls QR2 ausgeführt. Im

Modul QR2 können die folgenden Fälle auftreten:

1. Es sind Eigenwerte gefunden worden: liegt einer von ihnen dichter an einer Näherung als das bisher bekannte Optimum, wird er als neues Optimum registriert und bei 3. fortgesetzt;
2. es tritt eine Blockaufspaltung ein, dann wird die Gesamtaufspaltung in BLOCA, BLOCE und IBZ aktualisiert;
3. es muß im links-benachbarten Block weiter gesucht werden;
4. nach 50 Iterationen konnte weder ein Eigenwert berechnet noch eine Blockaufspaltung erkannt werden, dann wird der Fehleranzeiger IERR belegt.

Nach Beendigung des Suchalgorithmus wird die Markierungsinformation der Näherung auf den entsprechenden berechneten Eigenwert übertragen, wenn der Abstand zwischen Näherung und Eigenwert nicht größer als 30 % des Betrages der Näherung (Null ausgenommen) ist.

Bei IERR > 0 kann der Modul QRALL zur Berechnung aller Eigenwerte angeschlossen werden.

- Rufzeile des Moduls
  CALL QRNAEH (NM,Z,EWR,EWI,MARK1,AMARKR,AMARKI,IT,E5,E6,E7,E8,
  BLOCA,BLOCE,MARK,A)

- COMMON-Variable

N	(E)	=	STEUER(1), INTEGER-Variable, enthält die aktuelle Dimension der Ursprungsmatrix
IPROTD	(E)	=	STEUER(14), INTEGER-Variable, Steuerparameter für die Protokollierung; = 0 keine Protokollierung > 0 Ausgabe des Iterationszahlenvektors
LOW	(E)	=	STEUER(15), INTEGER-Variable, enthält den Anfangsindex des Hauptdiagonalblockes, der noch nicht obere Dreiecksgestalt besitzt
UPP	(E)	=	STEUER(16), INTEGER-Variable, enthält den entsprechenden Endindex des Hauptdiagonalblockes (siehe LOW)
AKK	(E)	=	STEUER(22), INTEGER-Variable, Steuerparameter zur Akkumulation der Transformationsmatrix; wird sinnvollerweise = 0 gesetzt
IM	(E)	=	STEUER(24), INTEGER-Variable, enthält die Anzahl der gegebenen Näherungen
IBZ	(E,A)	=	STEUER(28), INTEGER-Variable, aktuelle Anzahl der Hauptdiagonalblöcke mit einer Dimension größer als 2
EPSMA	(E)	=	STEUER(36), REAL*4-Variable, enthält die Maschinengenauigkeit ε_{m1}

IVER (E) = STEUER(21), INTEGER-Variable, enthält eine Steuergröße zur Verfahrensauswahl; wird im Programm belegt und am Schluß wieder zurückgesetzt

IERR (A) = STEUER(17), INTEGER-Variable, enthält einen Fehleranzeiger; = 0 kein Fehler, sonst Anzahl der nicht verarbeiteten Näherungen + N, wenn das Unterprogramm QR2 versagt

- Eingangsparameter

NM INTEGER-Variable, enthält die Zeilenanzahl der im Hauptprogramm vereinbarten entsprechenden Matrix

A REAL*4-Feld der Dimension (NM,N), enthält die gegebene obere Hessenbergmatrix

MARK1 INTEGER-Vektor der Dimension N, enthält Markierungen für die gegebenen Eigenwertnäherungen; in den Positionen 1,..., IM: = -1 nur der Eigenwert ist zu berechnen
= 1 Eigenwert und entsprechender Eigenvektor sind gesucht

AMARKR REAL*4-Vektor der Dimension N, enthält in den Positionen 1,...,IM die Realteile der Eigenwertnäherungen

AMARKI REAL*4-Vektor der Dimension N, enthält in den entsprechenden Positionen die zugehörigen Imaginärteile der Eigenwertnäherungen

BLOCA INTEGER-Vektor der Dimension IBZ < N/2, enthält die Anfangsindizes der Hauptdiagonalblöcke einer Dimension größer als 2

BLOCE INTEGER-Vektor der Dimension IBZ < N/2, enthält die entsprechenden Endindizes der Hauptdiagonalblöcke (siehe BLOCA)

- Ausgangsparameter

A REAL*4-Feld der Dimension (NM,N), enthält die obere Hessenbergmatrix nach den QR-Transformationen

EWR REAL*4-Vektor der Dimension N, enthält die Realteile der berechneten Eigenwerte

EWI REAL*4-Vektor der Dimension N, enthält die Imaginärteile der berechneten Eigenwerte

MARK INTEGER-Vektor der Dimension N, enthält die von MARK1 übernommenen Markierungen für die zu den entsprechenden Näherungen berechneten Eigenwerte

IT INTEGER-Vektor der Dimension N, enthält die Iterationszahlen für die berechneten Eigenwerte

- Hilfsfelder

Ei i = 5,6,7,8; REAL*4-Vektoren, die im Hauptspeicher hinter einander stehen und an einer Doppelwortgrenze beginnen

Z REAL*4-Feld der Dimension (NM,N)

Der Modul QR2

Autor: Dipl.-Math. J.-P. Sommer

- Aufgabe

Der Modul QR2 führt in dem angegebenen Diagonalblock einer oberen Hessenbergmatrix so lange QR-Doppelschritte [16] mit einer gegebenen Verschiebung aus, bis einer der folgenden Fälle eintritt und der Rücksprung an die als Parameter gegebene Marke des rufenden Programms erfolgt:

1. Erreichen der maximalen Iterationszahl 50 - RETURN
2. ein reeller Eigenwert wurde abgespalten - &111
3. zwei reelle Eigenwerte wurden berechnet - &222
4. zwei konjugiert-komplexe Eigenwerte wurden berechnet - &333
5. es ist eine Blockaufspaltung aufgetreten - &444
6. die Blockanzahl kann reduziert werden - &555
7. bei IVER = 0: das Parabelverfahren konvergiert nicht - &666

Der Arbeit des Moduls QR2 liegt der Doppelschritt-QR-Algorithmus nach Francis [2] zugrunde. Bei Aufruf des Moduls durch KREIQR (IVER = 2) werden die benötigten Verschiebungen durch den Modul VERSCH, bei Aufruf durch den Modul QRNAEH (IVER = 0) durch den Modul PV bereitgestellt. Wird der Modul QR2 vom Modul QRALL aufgerufen, berechnet der Modul QR2 selbst die sog. Francisverschiebung, das sind die Eigenwerte des im aktuellen Block rechts unten stehenden 2x2-Teilblockes.
Die oben genannten Fälle 2, 3, 4, 5 sind darauf zurückzuführen, daß bestimmte Subdiagonalelemente in der Matrix H vernachlässigbar klein werden. Auch der Fall, daß zwei benachbarte Subdiagonalelemente klein, aber noch nicht vernachlässigbar klein sind, wird besonders behandelt [16].
Wird der Modul QR2 benutzt, um Eigenwertnäherungen zu verbessern, sind vor allem schwache Kopplungen von Teilblöcken zu beachten. Sie liegen dann vor, wenn ein kleines, aber noch nicht vernachlässigbar kleines, Subdiagonalelement zwei Teilblöcke trennt und der abzuspaltende Eigenwert im oberen Teilblock liegt. Dieser Fall wird bei der Wahl der Verschiebung im Modul PV und beim weiteren Ablauf der QR-Iteration berücksichtigt [16].
Werden zwei konjugiert-komplexe Eigenwerte berechnet, stehen sie in den Vektoren EWR und EWI an benachbarten Positionen. Der Eigenwert mit dem positiven Imaginärteil erhält den kleineren Index. Aus der Belegung des Vektors IT kann auf den Verlauf der Iteration geschlossen werden. Zu Beginn der Iterationen sind alle Komponenten Null; führt

der Modul QR2 für einen Block mit den Grenzen BLOCA, BLOCE k Iterationen aus, wird beim Rücksprung in den Fällen 2 und 5: IT(BLOCE) = IT(BLOCE) + k und in den Fällen 3 und 4: IT(BLOCE - 1) = IT(BLOCE - 1) + k und IT(BLOCE) = -(IT(BLOCE)+k) gesetzt.

Der Modul VORKRE

Autor: Dipl.-Math. A. Meyer

- Aufgabe

Der Modul VORKRE dient der Vorbereitung der Arbeit des Moduls QRKREI. Mit seiner Hilfe werden Informationen über die Anzahl der Eigenwerte der einzelnen Blöcke der Hessenbergmatrix, die in den verschiedenen gegebenen Kreisen liegen, gewonnen [7].

Aus Speicherplatzgründen (die Matrix BLOC(KZ,IBZ+1) soll nicht mehr als 2N Speicherplätze INTEGER*4 belegen) wird die Arbeit von VORKRE nur bei IBZ ≤ N/5 begonnen. Andernfalls zerfällt die Hessenbergmatrix in mehr als N/5 Blöcke, so daß die Berechnung aller Eigenwerte sehr schnell durchgeführt wird, deshalb wird durch Setzen von IVER = 1 sofort in das rufende Programm zurückgekehrt.

Ist IBZ ≤ N/5, wird mit dem Modul KRSUCH als erstes die Aufgabenstellung genauer untersucht und die Anzahl der zu berechnenden betragskleinsten Eigenwerte (= IS) festgestellt. Für IS > 0 erfolgt mit Hilfe des Moduls FROBEN die Berechnung der Koeffizienten des charakteristischen Polynoms der Matrix A, um im Modul RADIUS den Radius des Kreises zu bestimmen, in dem die IS betragskleinsten Eigenwerte (oder wenige mehr) liegen. Sind außerdem noch Kreise gegeben (KZ > 0), in denen Eigenwerte zu bestimmen sind, wird mit Hilfe des vorhandenen charakteristischen Polynoms die Anzahl der in den Kreisen enthaltenen Eigenwerte bestimmt.

Für den Fall IS = 0 wird ein charakteristisches Polynom der Matrix

$$(A - mI)/r$$

berechnet, wobei m ein Mittelpunkt und r der zugehörige Radius eines gegebenen Kreises ist. Hierzu wird in KREIS 1 der "zentral gelegenste" an die erste Stelle gesetzt; das führt zu einer Verbesserung der Rundungsfehlerverhältnisse bei den einzelnen Polynomtransformationen. Dann wird für jeden Diagonalblock der Hessenbergmatrix einmal der Modul KREIZA gerufen, um die Anzahl der Eigenwerte dieses Blockes in jedem der Kreise zu bestimmen.

Ist die Gesamtzahl aller zu berechnenden Eigenwerte größer als N/8, wird der spezielle Kreise-QR-Algorithmus nicht schneller sein als die Berechnung aller Eigenwerte in QRALL, so daß der Rücksprung mit dem

Steuerparameter IVER = 1 erfolgt.

Der Modul VORKRE bereitet die Arbeit des Moduls QRKREI vor.

- Rufzeile des Moduls

  CALL VORKRE (NM,A,EIG,BLOC,CH,CC,CL,C,BLOCA,BLOCE)

- COMMON-Variable

N	(E)	= STEUER(1), INTEGER-Variable, enthält die Dimension der Ursprungsmatrix
LOW	(E)	= STEUER(15), INTEGER-Variable, enthält den Anfangsindex des durch RBAL nicht auf Dreiecksgestalt transformierten Hauptdiagonalblockes
UPP	(E)	= STEUER(16), INTEGER-Variable, enthält den Endindex des Hauptdiagonalblockes (siehe LOW)
IBZ	(E)	= STEUER(28), INTEGER-Variable, enthält die Anzahl der Hauptdiagonalblöcke mit einer Dimension größer als 2
IS	(A)	= STEUER(26), INTEGER-Variable, enthält die Anzahl der zu berechnenden betragskleinsten Eigenwerte
KZ	(A)	= STEUER(27), INTEGER-Variable, enthält die Anzahl der Kreise, aus denen Eigenwerte zu berechnen sind

- Eingangsparameter

NM	INTEGER-Variable, enthält die Zeilenanzahl der im Hauptprogramm vereinbarten Matrix
A	REAL*8-Feld der Dimension (NM,N), enthält die obere Hessenbergmatrix
EIG	REAL*4-Feld der Dimension (5,IANZ+1), enthält die kodierte Aufgabenstellung
BLOCA	INTEGER-Feld der Dimension IBZ < N/2, enthält die Anfangsindizes der Hauptdiagonalblöcke einer Dimension größer als 2
BLOCE	INTEGER-Feld der Dimension IBZ < N/2, enthält die entsprechenden Endindizes (siehe BLOCA)

- Ausgangsparameter

BLOC	INTEGER-Feld der Dimension (KZ,IBZ+1), BLOC(I,1) enthält den Index des Kreises I im Feld EIG (I = 1,...,KZ) und BLOC(I,J+1) enthält die Anzahl der Eigenwerte innerhalb des Kreises I, die im Block J liegen (J = 1,...,IBZ)

- Hilfsfelder

CH	REAL*8-Vektor der Dimension N
CC	REAL*8-Vektor der Dimension N+1
CL,C	REAL*4-Vektoren der Dimension N+1

Der Modul QRKREI

Autor: Dipl.-Math. A. Meyer

- Aufgabe

Der Modul QRKREI ist das Steuerprogramm für die Arbeit des Moduls KREIQR zur eigentlichen Berechnung der Eigenwerte.

Für IS > 0 wird zuerst der Kreis $|z| \leq$ RAD bearbeitet; es werden LOW und UPP als Blockgrenzen, Null als Kreismittelpunkt, RAD als zugehöriger Radius und IS als zu berechnende Anzahl von Eigenwerten an den Modul KREIQR übergeben.

Bei KZ > 0 werden für alle Blocknummern I = IBZ,IBZ-1,...,1 und alle Kreisnummern J = 1,2,...,KZ die analogen Parameter an den Modul KREIQR übergeben:

Blockgrenzen: LU = BLOCA(I) und LO = BLOCE(I),
Kreismittelpunkt: VM = Re(m) = EIG(2,BLOC(J,1)),
VI = Im(m) = EIG(3,BLOC(J,1)),
Radius R = EIG(4,BLOC(J,1)),
Anzahl der Eigenwerte des Kreises J im Block I:
K = BLOC(J,I+1).

Der Modul KREIQR führt die QR-Transformationen jeweils nur im Block zwischen den Indexgrenzen LU und LO aus. Bei Abspaltung eines Eigenwertes in einem Block wird die dadurch entstehende Änderung in der Blockstruktur der Matrix im Feld BLOCE korrigiert.

- Rufzeile des Moduls

  CALL QRKREI (NM,A,X,EIG,EWR,EWI,BLOC,E3,E5,E7,BLOCA,BLOCE)

- COMMON-Variable

N	(E)	= STEUER(1), INTEGER-Variable, enthält die Dimension der Ursprungsmatrix
LOW	(E)	= STEUER(15), INTEGER-Variable, enthält den Anfangsindex des Hauptdiagonalblockes der Hessenbergmatrix, der keine obere Dreiecksgestalt aufweist
UPP	(E)	= STEUER(16), INTEGER-Variable, enthält den Endindex des betrachteten Hauptdiagonalblockes (siehe LOW)
IS	(E)	= STEUER(26), INTEGER-Variable, enthält die Anzahl der zu berechnenden betragskleinsten Eigenwerte im Kreis $\|z\| \leq$ RAD
RAD	(E)	= STEUER(39), REAL*4-Variable, enthält den Radius des Kreises, der die IS betragskleinsten Eigenwerte umfaßt
KZ	(E)	= STEUER(27), INTEGER-Variable, enthält die Anzahl der Kreise, aus denen Eigenwerte zu berechnen sind
IBZ	(E)	= STEUER(28), INTEGER-Variable, enthält die Anzahl der

Hauptdiagonalblöcke der Dimension größer als 2 innerhalb der Indexgrenzen LOW und UPP

- Eingangsparameter

NM	INTEGER-Variable, enthält die Zeilenanzahl der im Hauptprogramm vereinbarten Matrix
EIG	REAL*4-Feld der Dimension (5,IANZ+1), enthält die kodierten Aufgabenstellungen
BLOC	INTEGER-Feld der Dimension (KZ,IBZ+1), enthält Informationen über Anzahlen von Eigenwerten in Diagonalblöcken und die Position der Aufgabe im EIG-Feld; der Inhalt ist Ausgabe des Moduls VORKRE
BLOCA	INTEGER-Vektor der Dimension IBZ < N/2, enthält die Anfangsindizes der Hauptdiagonalblöcke der Dimension größer als 2 innerhalb der Indexgrenzen LOW und UPP
BLOCE	INTEGER-Vektor der Dimension IBZ < N/2, enthält die entsprechenden Endindizes (siehe BLOCA)
A	REAL*4-Feld der Dimension (NM,N), enthält die obere Hessenbergmatrix

- Ausgangsparameter

EWR	REAL*4-Vektor der Dimension N, enthält die Realteile der berechneten Eigenwerte
EWI	REAL*4-Vektor der Dimension N, enthält die Imaginärteile der berechneten Eigenwerte
A	REAL*4-Feld der Dimension (NM,N), enthält die obere Hessenbergmatrix nach den QR-Transformationen

- Hilfsfelder

X	REAL*4-Feld der Dimension (NM,N)
Ei	i = 3,5,7; REAL*8-Vektoren der Dimension N

Der Modul KREIQR

Autor: Dipl.-Math. A. Meyer

- Aufgabe

Der Modul KREIQR steuert die Berechnung von Eigenwerten aus einem Matrixblock in einem gegebenen Kreis mit Hilfe eines speziellen QR-Algorithmus. Die eigentlichen Iterationsschritte werden im Modul QR2 realisiert, wobei dort die Verschiebungsstrategie vom Modul VERSCH ausgewählt wird. Nach Beendigung der Arbeit des Moduls QR2 werden die folgenden Fälle unterschieden:

1. ein reeller Eigenwert ist gefunden - die obere Blockgrenze wird um 1 erniedrigt,
2. zwei reelle Eigenwerte wurden gefunden - die obere Blockgrenze wird um 2 erniedrigt,

3. ein Paar konjugiert komplexer Eigenwerte wurde gefunden - die obere Blockgrenze wird um zwei erniedrigt,
4. der betrachtete Matrixblock spaltet sich in zwei Blöcke auf - die gesuchten Eigenwerte können jetzt in beiden Teilblöcken liegen; deshalb wird die spezielle Verschiebungsstrategie des Moduls VERSCH so lange ausgeschaltet, bis der untere der beiden Blöcke vollständig aufgelöst ist,
5. der betrachtete Matrixblock ist vollständig aufgelöst - wenn vorher der Fall 4. eingetreten war, wird der obere Restblock weiter verarbeitet, sonst wird an das rufende Programm QRKREI zurückgegeben.

Der Modul KREIQR wird vom Modul QRKREI mit den notwendigen Parametern versorgt und kann ohne diesen Modul als Vorläufer nicht arbeiten.

Der Modul FROBEN

Autor: Dipl.-Math. A. Meyer

• Aufgabe

Der Modul FROBEN berechnet zu einer gegebenen oberen Hessenbergmatrix die Koeffizienten des charakteristischen Polynoms. Diese Koeffizienten werden erhalten durch Transformation der Hessenbergmatrix in Frobeniusgestalt [18]. Dazu ist am Ende eine Diagonaltransformation erforderlich, bei der leicht Über- oder Unterläufe auftreten können. Das wird vermieden durch rundungsfehlerfreie Skalierung der Koeffizienten. Dabei entstehende Zahlen, deren Betrag unter 10^{-40} geht, werden Null gesetzt.

Der Modul FROBEN dient als Hilfsmodul im Kreise-QR-Algorithmus.

Die Moduln POLTES und CPOLTE

Autor: Dipl.-Math. A. Meyer .

• Aufgabe

Die Moduln POLTES und CPOLTE bestimmen die Anzahl der Nullstellen eines Polynoms im Innern des Einheitskreises mit Hilfe des Nullstellenzählverfahrens von COHN [3]. Der Modul POLTES verarbeitet reelle und der Modul CPOLTE komplexe Polynome.

Die Nullstellenzählung beruht auf der Bildung einer Polynomfolge fallender Ordnung, die so organisiert ist, daß beim Übergang vom Polynom $p_i(z)$ zum Polynom $p_{i+1}(z)$ bekannt ist, ob die Anzahl der Nullstellen im Einheitskreis

(a) konstant ist oder (b) um genau 1 abnimmt.

Damit die Polynomkoeffizienten nicht zu sehr anwachsen, werden sie rundungsfehlerfrei skaliert; dazu wird der Modul UPEX benutzt.

Die Moduln POLTRA und CPOLTR

Autor: Dipl.-Math. A. Meyer

- Aufgabe

Für ein gegebenes reelles Polynom $g(z)$ führen die Moduln POLTRA und CPOLTR eine spezielle Polynomtransformation aus. Sie berechnen die Koeffizienten des Polynoms

$$f(z) = g(rz + m),$$

wobei r eine reelle Zahl und m reell oder komplex sein kann.
Der Modul POLTRA erzeugt für reelles m ein reelles und CPOLTR für komplexes m entsprechend ein komplexes Polynom.
Zur Berechnung der Koeffizienten wird das Horner-Schema benutzt.

Der Modul RADIUS

Autor: Dipl.-Math. A. Meyer

- Aufgabe

Der Modul RADIUS bestimmt den Radius eines Kreises $|z| \leq R$, in dem mindestens k betragskleinste Eigenwerte einer Matrix liegen, deren charakteristisches Polynom bekannt ist.

Als erste obere Schranke für den gesuchten Radius werden für das Polynom n-ten Grades mit den Koeffizienten $c_0, c_1, \ldots, c_n$ die Werte

$$R_1 = 1 + \sqrt[n-k+1]{\max_{i<k} |c_i|}, \quad R_2 = 2 \cdot \max_{i<k} \sqrt[n-i]{|c_i|},$$

$$R_3 = 2(n-k+1) \max_{i<k} \frac{|c_i|}{|c_{i+1}|}$$

berechnet, und es gilt

$$|z_k| \leq R = \min (R_1, R_2, R_3).$$

Diese Abschätzung liefert in der Regel einen zu großen Radius des gesuchten Kreises, deshalb wird dieser Wert noch iterativ verbessert. Dazu werden die Moduln POLTRA und POLTES benutzt.

Der Modul QRALL

Autor: Dipl.-Math. J.-P. Sommer

- Aufgabe

Der Modul QRALL berechnet mit Hilfe des Doppelschritt-QR-Algorithmus von Francis [2] alle Eigenwerte und akkumuliert bei AKK = 1 die Transformationsmatrizen, so daß

$$X^T A_b X = A_h$$

gilt, wobei A_h die aktuelle Hessenbergmatrix, A_b die balancierte Matrix und X die orthogonale Transformationsmatrix bedeuten.

Die QR-Schritte werden vom Modul QR2 in jedem der Diagonalblöcke ausgeführt, bis sich die gesuchten Eigenwerte aus Diagonalblöcken mit einer Dimension von höchstens 2 ablesen lassen. Die in IBZ sowie BLOCA und BLOCE gespeicherte Blockstruktur wird ständig aktualisiert. Die Anzahl der ausgeführten Iterationen ist an dem Vektor IT zu erkennen, wobei negative Eintragungen auf paarweise abgespaltene Eigenwerte hindeuten.

Wurde der Modul QRALL gerufen, nachdem QRNAEH wegen Nichtkonvergenz abgebrochen werden mußte, wird die im Modul QRNAEH begonnene Markierung der gesuchten Eigenwerte im Feld MARK vervollständigt.

- Rufzeile des Moduls

  CALL QRALL (NM,X,EWR,EWI,MARK1,AMARKR,AMARKI,IT,E1,E2,E3,E4,BLOCA, BLOCE,MARK,A)

- COMMON-Variable

N	(E)	= STEUER(1), INTEGER-Variable, enthält die aktuelle Dimension der Matrizen A und Z
IPROTD	(E)	= STEUER(14), INTEGER-Variable, enthält einen Steuerparameter für die Protokollierung: = 0 keine Protokollierung > 0 Ausgabe des Iterationszahlenvektors
LOW	(E)	= STEUER(15), INTEGER-Variable, enthält den Anfangsindex des Hauptdiagonalblockes, der vom Modul RBAL nicht in obere Dreiecksgestalt transformiert wurde
UPP	(E)	= STEUER(16), INTEGER-Variable, enthält den entsprechenden Endindex (siehe LOW)
IERR	(E)	= STEUER(17), INTEGER-Variable, enthält einen Fehleranzeiger; = 0 standardmäßig = N + Anzahl der noch nicht verarbeiteten Näherungen in QRNAEH, wenn danach der Modul QRALL gerufen wird
	(A)	= 0 standardmäßig = 12 die maximale Iterationszahl wurde überschritten
IM	(E)	= STEUER(24), INTEGER-Variable, enthält die Anzahl der gegebenen Näherungen für den Modul QRNAEH
IBZ	(E)	= STEUER(28), INTEGER-Variable, enthält die Anzahl der Hauptdiagonalblöcke der Dimension größer als 2 der Matrix A
ANORM	(I)	= STEUER(31), REAL*4-Variable, enthält eine Schranke

für die Norm der Matrix A

- Eingangsparameter

NM	INTEGER-Variable, enthält die Anzahl der Zeilen der im Hauptprogramm vereinbarten Matrix A
A	REAL*4-Feld der Dimension (NM,N), enthält die obere Hessenbergmatrix
X	REAL*4-Feld der Dimension (NM,N), enthält bei AKK = 1 die Transformationsmatrix
MARK1	INTEGER-Feld der Dimension IM, enthält bei IERR 0 den Markierungsvektor der Näherungen
AMARKR	REAL*4-Vektor der Dimension IM, enthält bei IERR 0 die Realteile der Näherungen
AMARKI	REAL*4-Vektor der Dimension IM, enthält bei IERR 0 die Imaginärteile der Näherungen
BLOCA	INTEGER-Vektor der Dimension IBZ < N/2, enthält die Anfangsindizes der Hauptdiagonalblöcke der Dimension größer als 2 der Matrix A
BLOCE	INTEGER-Vektor der Dimension IBZ < N/2, enthält die entsprechenden Endindizes (siehe BLOCA)

- Ausgangsparameter

A	REAL*4-Feld der Dimension (NM,N), enthält die obere Hessenbergmatrix nach den QR-Transformationen
X	REAL*4-Feld der Dimension (NM,N), enthält bei AKK = 1 die aktualisierte Transformationsmatrix
EWR	REAL*4-Vektor der Dimension N, enthält die Realteile der Eigenwerte
EWI	REAL*4-Vektor der Dimension N, enthält die Imaginärteile der Eigenwerte
MARK	INTEGER-Vektor der Dimension N, enthält bei IERR(E) 0 den Markierungsvektor der berechneten Eigenwerte
IT	INTEGER-Vektor der Dimension N, enthält die Iterationszahlenvektoren der Eigenwerte

- Hilfsfelder

Ei	i = 1,2,3,4; REAL*4-Vektoren der Dimension N, die im Hauptspeicher hintereinander stehen und an einer Doppelwertgrenze beginnen.

Der Modul QREV

Autor: Dipl.-Math. J.-P. Sommer

- Aufgabe

Die Eigenvektoren zu den im Feld MARK markierten Eigenwerten t_j werden durch Lösung der linearen Gleichungssysteme

$$(H - t_1 I)x = 0$$

berechnet.

Die Koeffizientenmatrix H ist obere Blockdreiecksmatrix, wobei die Dimensionen der Diagonalblöcke höchstens 2 betragen. Jeder Eigenvektor zu einem reellen Eigenwert wird in derjenigen Spalte von H eingetragen, die den gleichen Index hat wie der zugehörige Eigenwert.

Bei konjugiert komplexen Eigenwerten wird der Eigenvektor zum Eigenwert mit positivem Imaginärteil so normiert, daß die letzte von Null verschiedene Komponente rein imaginär ist. Tragen die konjugiert komplexen Eigenwerte die Indizes j und j + 1, steht der Realteil des Eigenvektors in der j-ten und der Imaginärteil in der (j+1)-ten Spalte der Matrix H. Dadurch ist die Matrix der Eigenvektoren eine obere Dreiecksmatrix; auf das Speichern der Nullen im unteren Dreieck wird verzichtet. Die Eigenvektoren sind nicht auf eine einheitliche Norm normiert. Nach der Arbeit des Moduls QREV können die Eigenvektoren der Matrix H durch den Modul QRBK in Eigenvektoren der balancierten Hessenbergmatrix rücktransformiert werden.

- Rufzeile des Moduls

  CALL QREV (NM,H,WR,WI,MARK)

- COMMON-Variable

N	(E)	= STEUER(1), INTEGER-Variable, enthält die Dimension der Matrix H
ANORM	(E)	= STEUER(31), REAL*4-Variable, enthält eine Schranke für die Norm der Matrix H
MACHEP	(E)	= STEUER(36), REAL*4-Variable, enthält die Maschinengenauigkeit ε_{m1}

- Eingangsparameter

NM	INTEGER-Variable, enthält die Anzahl der Zeilen der im Hauptprogramm vereinbarten Matrix
H	REAL*4-Feld der Dimension (NM,N), enthält die fast dreieckige Matrix, die nach der Arbeit des QR-Algorithmus entsteht
WR	REAL*4-Vektor der Dimension N, enthält die Realteile der berechneten Eigenwerte
WI	REAL*4-Vektor der Dimension N, enthält die Imaginärteile der berechneten Eigenwerte
MARK	INTEGER-Vektor der Dimension N, Markierungsvektor zur Kennzeichnung der Eigenwerte, zu denen Eigenvektoren zu berechnen sind; MARK(I) = 0 zum Eigenwert WR(I) + iWI(I) wird kein Eigenvektor berechnet MARK(I) > 0 zum Eigenwert WR(I) + iWI(I) wird

der entsprechende Eigenvektor berechnet

- Ausgangsparameter

H REAL*4-Feld der Dimension (NM,N), enthält als obere Dreiecksmatrix die Eigenvektoren

Der Modul QRBK

Autor: Dipl.-Math. J.-P. Sommer

- Aufgabe

Der Modul QRBK führt die Rücktransformation der mit dem QR-Algorithmus berechneten Eigenvektoren aus, so daß danach die Eigenvektoren der vollen balancierten Matrix zur Verfügung stehen. Die Rücktransformation erfolgt nur für diejenigen Spalten der Matrix A, deren Indizes auf dem Markierungsvektor mit +1 gekennzeichnet sind. Weil die Transformationsmatrix nur innerhalb der Grenzen LOW und UPP von der Einheitsmatrix abweicht, werden die Eigenvektoren mit einem Index kleiner als LOW oder größer als UPP nicht verändert. Es gilt $Z_A = Z_E \cdot A_E$, wenn Z_A die Ausgangsmatrix und Z_E, A_E die Eingangsmatrizen kennzeichnen.

Alle Berechnungen erfolgen mit doppelt-genauer Arithmetik.

- Rufzeile des Moduls

CALL QRBK (NM,MARK,A,Z)

- COMMON-Variable

N (E) = STEUER(1), INTEGER-Variable, enthält die Dimension der Matrizen A und Z

LOW (E) = STEUER(15), INTEGER-Variable, enthält den Anfangsindex des Hauptdiagonalblockes, der vom Modul RBAL nicht in obere Dreiecksgestalt transformiert wurde

UPP (E) = STEUER(16), INTEGER-Variable, enthält den ensprechenden Endindex (siehe LOW)

- Eingangsparameter

NM INTEGER-Variable, enthält die Zeilenanzahl der im Hauptprogramm vereinbarten Matrizen

MARK INTEGER-Vektor der Dimension N, enthält einen Markierungsvektor für die zu transformierenden Eigenvektoren;

MARK(I) = 1 der in der Spalte I der oberen Dreiecksmatrix A stehende Vektor ist zu transformieren

MARK(I) ≠ 1 der in der Spalte I stehende Vektor ist nicht zu transformieren

A REAL*4-Matrix der Dimension (NM,N), enthält die obere Dreiecksmatrix der Eigenvektoren

Z REAL*4-Feld der Dimension (NM,N), enthält die Transformationsmatrix

- Ausgangsparameter

  Z REAL*4-Feld der Dimension (NM,N), enthält die Eigenvektoren der balancierten Matrix

<u>Der Modul QRDEF</u>

Autor: Dipl.-Math. J.-P. Sommer

- Aufgabe

Für diejenigen Indizes I, deren zugehörige Komponente des Vektors MARK mit 1 belegt ist, wird

$$DEF(I) = \|Ax_I - t_I x_I\|_2 / \|x_I\|_2 \quad \text{mit}$$

t_I ist der Eigenwert in EWR(I), EWI(I) und

x_I ist der Eigenvektor in der Spalte I der Matrix X

berechnet.

- Rufzeile des Moduls

  CALL QRDEF (NM,A,X,EWR,EWI,MARK,DEF)

- COMMON-Variable

  N (E) = STEUER(1), INTEGER-Variable, enthält die aktuelle Dimension der Matrizen in den Feldern A und X

- Eingangsparameter

  NM INTEGER-Variable, enthält die Zeilenanzahl der im Hauptprogramm vereinbarten entsprechenden Matrizen

  A REAL*4-Feld der Dimension (NM,N), enthält die balancierte Matrix

  X REAL*4-Feld der Dimension (NM,N), enthält die Eigenvektoren der balancierten Matrix

  EWR REAL*4-Vektor der Dimension N, enthält die Realteile der berechneten Eigenwerte

  EWI REAL*4-Vektor der Dimension N, enthält die Imaginärteile der berechneten Eigenwerte

  MARK INTEGER-Vektor der Dimension N, enthält die Markierungen für die berechneten Eigenvektoren;

  MARK(I) = 1 in EWR(I) steht der Realteil, in EWI(I) der Imaginärteil des berechneten Eigenwertes und in der I-ten Spalte der Matrix X der entsprechende Eigenvektor; für dieses Eigenpaar soll der Defekt berechnet werden

  MARK(I) ≠ 1 wird vom Modul ignoriert

- Ausgangsparameter

  DEF REAL*4-Vektor der Dimension N, enthält die Defektnormen der markierten Eigenpaare

Der Modul INVITR

Autor: Dipl.-Math. A. Meyer, Dipl.-Math. W. Müller

- Aufgabe

Der Modul INVITR berechnet zu einer vorgegebenen reellen Eigenwertnäherung einer oberen Hessenbergmatrix H den zugehörigen Eigenvektor mit Hilfe der Inversen Iteration beginnend mit einem vorgegebenen Startvektor. Die Eigenwertnäherung wird verbessert und die Norm des entsprechenden Defektes berechnet.

Der Eigenvektor wird iterativ durch Lösung des Gleichungssystems

$$(H - \lambda I)x_{k+1} = t_k x_k$$

in jedem Iterationsschritt berechnet. Dies erfolgt durch QR-Zerlegung der Matrix $(H - \lambda I)$; das geschieht im Modul QRZU, und es muß stets das Gleichungssystem

$$Rx_{k+1} = t_k Q^t x_k$$

gelöst werden. Bei der Lösung dieses Gleichungssystems im Modul INMOU wird gleichzeitig der Normierungsfaktor t_k so bestimmt, daß

$$\|x_{k+1}\|_\infty \leq 1$$

gilt. Zu Kontrollzwecken werden in jedem Iterationsschritt noch die folgenden Werte berechnet:

$$\|r_k\| = \|(H - \lambda I)x_k\| / \|x_k\| = t_k \|x_{k-1}\| / \|x_k\| ,$$

$$s_k = 1 - |(x_{k-1}, x_k)|^2 / (\|x_{k-1}\| \cdot \|x_k\|)^2 ,$$

$$\rho_k = (Hx_k, x_k) / \|x_k\|^2 = \lambda + t_k (x_{k-1}, x_k) / \|x_k\|^2 ,$$

$$\|\sigma_k\|^2 = \|(H - \rho_k I)x_k\|^2 / \|x_k\|^2 = \|r_k\|^2 s_k .$$

Ist λ die Näherung für den exakten Eigenwert λ', so gilt für $k \to \infty$ offenbar $\|r_k\| \to |\lambda - \lambda'|$, $s_k \to 0$, $\rho_k \to \lambda'$ und $\|\sigma_k\| \to 0$. Dies wird für die Abbruchkriterien benutzt.

Solange $s_k > 10^{-3}$ gilt, wird nicht abgebrochen, sonst wird die Iteration bei

$$\|\sigma_k\| \leq \varepsilon_{IT} \quad \text{oder} \quad \|r_k\|^2 > \|r_{k-1}\|^2 \cdot 0{,}95$$

beendet. Mehr als 100 Iterationen werden nicht ausgeführt.

Der Modul INVITR benötigt die Moduln QRZU für die QR-Zerlegung, QMUL für die Multiplikation $Q^T x_k$ und INMOU für die Lösung des Rechtsdreieckssystems.

- Rufzeile des Moduls

  CALL INVITR (NM,H,R,EW,DEF,X,X1,QC,QS)

- COMMON-Variable

N (E) = STEUER(1), INTEGER-Variable, enthält die aktuelle Dimension der Matrix auf dem Feld H

ANORM (E) = STEUER(31), REAL*4-Variable, enthält eine Schranke für die Norm der Matrix H

GEN2 (E) = STEUER(38), REAL*4-Variable, enthält die Abbruchsschranke ε_{IT} für die Inverse Iteration

IERR (E) = STEUER(17), INTEGER-Variable, enthält einen Fehleranzeiger; = 0 standardmäßig
= 1 bei Überschreiten von 100 Iterationen

- Eingangsparameter

NM INTEGER-Variable, enthält die Zeilenanzahl der im Hauptprogramm vereinbarten entsprechenden Matrizen

H REAL*4-Feld der Dimension (NM,N), enthält eine obere Hessenbergmatrix

EW REAL*4-Variable, enthält eine reelle Eigenwertnäherung

X REAL*4-Vektor der Dimension N, enthält den Startvektor für die Inverse Iteration

- Ausgangsparameter

X REAL*4-Vektor der Dimension N, enthält den berechneten Eigenvektor

EW REAL*4-Variable, enthält die verbesserte Eigenwertnäherung

DEF REAL*4-Variable, enthält die Defektnorm für dieses Eigenpaar

Hilfsfelder

X1,QC,QS REAL*4-Vektoren der Dimension N

R REAL*4-Feld der Dimension (NM,N)

Der Modul INVITC

Autor: Dipl.-Math. A. Meyer

- Aufgabe

Der Modul INVITC berechnet zu einer vorgegebenen komplexen Eigenwertnäherung einer reellen oberen Hessenbergmatrix den zugehörigen Eigenvektor mit Hilfe der Inversen Iteration beginnend mit einem gegebenen Startvektor. Die Eigenwertnäherung wird verbessert und die Norm des Defektes des Eigenpaares berechnet.
Die Inverse Iteration wird analog wie im Modul INVITR durchgeführt, aber mit komplexer Arithmetik. Es werden dazu die Moduln QRZUC, QMULC und INMOC verwendet. Die Abbruchkriterien sind dieselben.

- Rufzeile des Moduls

CALL INVITC (NM,H,R,EW,DEF,X,X1,QC,QS,ALF)

- COMMON-Variable

N (E) = STEUER(1), INTEGER-Variable, enthält die aktuelle Dimension der Matrix im Feld H

ANORM (E) = STEUER(31), REAL*4-Variable, enthält eine obere Schranke für die Spektralnorm der Hessenbergmatrix

GEN2 (E) = STEUER(38), REAL*4-Variable, enthält die Abbruchschranke für die Inverse Iteration

IERR (A) = STEUER(17), INTEGER-Variable, enthält einen Fehleranzeiger; = 1 bei Überschreitung von 100 Iterationen

- Eingangsparameter

NM INTEGER-Variable, enthält die Zeilenanzahl der im Hauptprogramm vereinbarten entsprechenden Matrizen

H REAL*4-Feld der Dimension (NM,N), enthält eine obere Hessenbergmatrix

EW COMPLEX-Variable, enthält die Eigenwertnäherung

X COMPLEX-Vektor der Dimension N, enthält den Startvektor für die Inverse Iteration

- Ausgangsparameter

X COMPLEX-Vektor der Dimension N, enthält den berechneten Eigenvektor

EW COMPLEX-Variable, enthält die verbesserte Eigenwertnäherung

DEF REAL*4-Variable, enthält die Defektnorm des Eigenpaares

- Hilfsfelder

R REAL*4-Feld der Dimension (NM,N)

X1,ALF COMPLEX-Vektoren der Dimension N

QS,QC REAL*4-Vektoren der Dimension N

Der Modul QRZU

Autor: Dipl.-Math. W. Müller/Dipl.-Math. A. Meyer

- Aufgabe

Durch Linksmultiplikation der reellen oberen Hessenbergmatrix $H - \lambda I$ mit n-1 orthogonalen Drehungsmatrizen wird eine Faktorisierung

$$H - \lambda I = QR$$

erzeugt. Dabei gilt

$$Q^T = Q_{n-1}Q_{n-2}\cdots Q_1 ,$$

$$Q_i = \text{diag }(I,U_i,I) \text{ mit } U_i = \begin{pmatrix} c_i & s_i \\ s_i & -c_i \end{pmatrix}, \; c_i^2 + s_i^2 = 1 .$$

Die Elemente s_i und c_i werden so gewählt, daß im i-ten Schritt das Element in der Position (i+1,i) annulliert wird.

Für $|s_i| < \varepsilon_{m1}$ wird $U_i = I$, für $|c_i| < \varepsilon_{m1}$ wird $U_i = \begin{pmatrix} 0 & 1 \\ 1 & 0 \end{pmatrix}$

und bei

$$|r_{ij}| < \varepsilon_{m1} \quad \text{wird } r_{ij} = 0 \quad \text{gesetzt.}$$

<u>Der Modul QRZUC</u>

Autor: Dipl.-Math. A. Meyer

- Aufgabe

Entsprechend wie im Modul QRZU wird im Modul QRZUC eine QR-Zerlegung der Matrix H − λI erzeugt, aber jetzt werden die Matrix H als reelle obere Hessenbergmatrix und λ als komplexe Zahl vorausgesetzt. Die Zerlegung wird durch n-1 unitäre Drehungen

$$U_i = \begin{pmatrix} \alpha_i c_i & s_i \\ -\bar{\alpha}_i s_i & c_i \end{pmatrix}, \; s_i, c_i > 0, \; s_i^2 + c_i^2 = 1, \; |\alpha_i| = 1, \; i = 1,\dots,n-1$$

erhalten. Es läßt sich erreichen, daß nur reelle Diagonalelemente r_{ii} auftreten, wenn noch mit einer Matrix Q_n von links multipliziert wird:

$$Q_n = \operatorname{diag}(1,\dots,1,\alpha_n), \quad |\alpha_n| = 1.$$

Es ist dann

$$Q^{*} = Q_n Q_{n-1} \dots Q_1 \; .$$

<u>Die Moduln QMUL und QMULC</u>

Autor: Dipl.-Math. W. Müller/Dipl.-Math. A. Meyer

- Aufgabe

Beide Moduln dienen der Multiplikation eines Vektors mit einer orthogonalen bzw. unitären Matrix, wobei diese in den Moduln QRZU bzw. QRZUC als Produkt von n-1 orthogonalen bzw. unitären Drehungsmatrizen entstanden sind. Dabei verarbeiten die Moduln QMUL bzw. QMULC direkt die Ausgangsinformationen der Moduln QRZU bzw. QRZUC über die ausgeführten elementaren Drehungen.

<u>Der Modul INMOC</u>

Autor: Dipl.-Math. A. Meyer

- Aufgabe

Der Modul INMOC löst ein siguläres oder fast singuläres komplexes Gleichungssystem mit der oberen Rechtsdreiecksmatrix R mit reeller Hauptdiagonale, wobei die Elemente der Lösung durch Skalierung betragsmäßig kleiner als 1 gehalten werden. Die Speicherung der Matrix R erfolgt in einem reellen Matrixfeld R(I,J):R(I,J) = Re(r_{IJ}) für I = J und R(I,J) = Im(r_{JI}) für I > J.

Der Lösungsalgorithmus ist eine Verallgemeinerung des Algorithmus, der im Modul INMOU realisiert ist.

Der Modul INVIBK

Autor: Dipl.-Math. J.-P. Sommer

- Aufgabe

Der Modul INVIBK führt die Rücktransformation der mit Hilfe der Inversen Iteration berechneten Eigenvektoren der oberen Hessenbergmatrix aus, so daß danach die Eigenvektoren der vollen balancierten Matrix zur Verfügung stehen.

Unter Berücksichtigung der speziellen Struktur der Spiegelungsmatrizen und der Speicherung der wesentlichen Informationen über die Transformationen durch den Modul HOUSE, wird die Rücktransformation vorgenommen. Es ist unbedingt erforderlich, daß die Transformation auf Hessenberggestalt durch Modul HOUSE erfolgte. Es werden nur die Spalten der Matrix X, deren Indizes im Vektor MARK mit 1 markiert sind, transformiert.

Die Eingangsparameter A und ALPHA für INVIBK stimmen mit den Ausgangsgrößen D (konvergiert auf einfache Wortlänge) und R des Moduls HOUSE überein.

- Rufzeile des Moduls

  CALL INVIBK (NM,A,X,ALPHA,MARK)

- COMMON-Variable

N	(E)	= STEUER(1), INTEGER-Variable, enthält die aktuelle Dimension der Matrizen A und X
LOW	(E)	= STEUER(15), INTEGER-Variable, enthält den Anfangsindex des Hauptdiagonalblockes; der durch RBAL nicht auf obere Dreiecksgestalt transformiert wurde
UPP	(E)	= STEUER(16), INTEGER-Variable, enthält den entsprechenden Endindex (siehe LOW)

- Eingangsparameter

NM	INTEGER-Variable, enthält die Zeilenanzahl der im Hauptprogramm vereinbarten entsprechenden Matrizen
A	REAL*4-Feld der Dimension (NM,N), enthält in den Positionen (I,J) mit I > J+1 Informationen über die ausgeführten Spiegelungstransformationen im Modul HOUSE
X	REAL*4-Feld der Dimension (NM,N), enthält die Eigenvektoren der Hessenbergmatrix
ALPH	REAL*8-Vektor der Dimension N, enthält weitere Informationen über die Spiegelungstransformationen im Modul HOUSE
MARK	INTEGER-Vektor der Dimension N, enthält Markierungen für die zu transformierenden Eigenvektoren; MARK(I) = 1 der in

der Spalte I der Matrix X stehende Vektor soll transformiert werden

- Ausgangsparameter

  X REAL*4-Feld der Dimension (NM,N), enthält die Eigenvektoren der balancierten Matrix

Der Modul BALBK

Autor: Dipl.-Math. J.-P. Sommer

- Aufgabe

Der Modul transformiert die berechneten Eigenvektoren der balancierten Matrix in Eigenvektoren der Ursprungsmatrix.
Dabei werden lediglich diejenigen Eigenvektoren rücktransformiert, die in Spalten der Matrix Z stehen, deren Indizes im MARK-Vektor ein Wert +1 entspricht. Eigenvektoren, deren Indizes zwischen LOW und UPP liegen, werden mit der durch die Balancierungsdiagonale angegebenen Diagonalmatrix multipliziert. Anschließend werden noch die im Modul RBAL vorgenommenen Permutationen von Zeilen und Spalten rückgängig gemacht und die Eigenvektoren im euklidischen Sinn normiert. Den Balancierungsvektor BAL stellt der Modul RBAL zur Verfügung.

- Rufzeile des Moduls

  CALL BALBK (NM,Z,BAL,MARK,EWI)

- COMMON-Variable

  N (E) = STEUER(1), INTEGER-Variable, enthält die Dimension der Matrix Z

  LOW (E) = STEUER(15), INTEGER-Variable, enthält den Anfangsindex des Hauptdiagonalblockes, der vom Modul RBAL nicht in obere Dreiecksgestalt transformiert wurde

  UPP (E) = STEUER(16), INTEGER-Variable, enthält den entsprechenden Endindex (siehe LOW)

- Eingangsparameter

  NM INTEGER-Variable, enthält die Zeilenanzahl der im Hauptprogramm vereinbarten entsprechenden Matrizen

  Z REAL*4-Feld der Dimension (NM,N), enthält die Eigenvektoren der balancierten Matrix

  BAL REAL*4-Vektor der Dimension N, enthält die Balancierungsdiagonale

  MARK INTEGER-Vektor der Dimension N, enthält die Markierungen für die berechneten Eigenvektoren; MARK(I) = 1 der in der Spalte I der Matrix Z stehende Eigenvektor ist zu transformieren

- Ausgangsparameter

  Z REAL*4-Feld der Dimension (NM,N), enthält die Eigenvektoren der Ursprungsmatrix

Der Modul SCALBK

Autor: Dipl.-Math. J.-P. Sommer

- Aufgabe

Der Modul SCALBK führt die Rückskalierung der Eigenwerte aus und ordnet Eigenwerte, Eigenvektoren und Defekte in den Anfangsplätzen der entsprechenden Felder an.

Der Modul SCALBK macht die im Modul RBAL vorgenommene Skalierung rückgängig, indem alle Eigenwerte mit dem im COMMON-Bereich stehenden Wert SCALE multipliziert werden. Außerdem werden die Ergebnisfelder aufbereitet, so daß in den ersten IEVANZ Komponenten der Vektoren EWR, EWI und DEF die den Eigenvektoren in den ersten IEVANZ Spalten der Matrix X entsprechenden Eigenwerte und Defekte enthalten sind, während in den Komponenten IEVANZ-1,...,IEWANZ der Vektoren EWR und EWI die Eigenwerte stehen, zu denen keine Eigenvektoren berechnet wurden.

- Rufzeile des Moduls

  CALL SCALBK (NM,X,EWR,WEI,MARK,DEF,E1,E2)

- COMMON-Variable

N	(E)	= STEUER(1), INTEGER-Variable, enthält die Dimension der Matrix X
EV	(E)	= STEUER(8), INTEGER-Variable, enthält eine Steuergröße für die Eigenvektorberechnung;
		= 0 es sind keine Eigenvektoren berechnet worden
		≠ 0 es gibt Eigenvektoren, die umzuordnen sind
IEWANZ	(A)	= STEUER(27), INTEGER-Variable, enthält die Anzahl der berechneten Eigenwerte
IEVANZ	(A)	= STEUER(28), INTEGER-Variable, enthält die Anzahl der berechneten Eigenvektoren
SCALE	(E)	= STEUER(40), REAL*4-Variable, enthält den Skalierungsfaktor für die Eigenwerte

- Eingangsparameter

NM	INTEGER-Variable, enthält die Zeilenanzahl der im Hauptprogramm vereinbarten entsprechenden Matrizen
X	REAL*4-Feld der Dimension (NM,N), enthält die berechneten Eigenvektoren
EWR	REAL*4-Vektor der Dimension N, enthält die Realteile der berechneten Eigenwerte
EWI	REAL*4-Vektor der Dimension N, enthält die Imaginärteile der berechneten Eigenwerte
MARK	INTEGER-Vektor der Dimension N, enthält die Markierungen für die berechneten Eigenwerte und Eigenvektoren;

MARK(I) = 0 der Inhalt von EWR(I), EWI(I) ist keine Lösung des Eigenwertproblems

MARK(I) =-1 der Inhalt von EWR(I), EWI(I) ist Lösung des Eigenwertproblems, es wurde der entsprechende Eigenvektor nicht berechnet

MARK(I) = 1 der Inhalt von EWR(I), EWI(I) ist Lösung des Eigenwertproblems, der entsprechende Eigenvektor steht in der Spalte I der Matrix X

DEF REAL*4-Vektor der Dimension N, enthält die den Eigenpaaren entsprechenden Defektnormen

- Ausgangsparameter

X REAL*4-Feld der Dimension (NM,N), enthält in den ersten IEVANZ Spalten der berechneten Eigenvektoren

EWR REAL*4-Vektor der Dimension N, enthält in den ersten IEWANZ Elementen die Realteile der berechneten Eigenwerte

EWI REAL*4-Vektor der Dimension N, enthält in den ersten IEWANZ Elementen die Imaginärteile der berechneten Eigenwerte

DEF REAL*4-Vektor der Dimension N, enthält in den ersten IEVANZ Elementen die Defektnormen der Eigenpaare

- Hilfsfelder

Ei i = 1,2; REAL*4-Vektoren der Dimension N

7.3. Komplex-hermitescher Zweig

Der Modul HDTRED

Autor: Dipl.-Math. W. Müller

- Aufgabe

Der Modul HDTRED hat die Aufgabe, mit Hilfe doppelt-genauer unitärer Ähnlichkeitstransformationen die gegebene komplex-hermitesche Matrix in eine symmetrische Tridiagonalmatrix zu transformieren. Dies geschieht in einem ersten Schritt durch unitäre Tridiagonalisierung der vollen Matrix mit Hilfe von Spiegelungsmatrizen analog dem Fall reeller Matrizen. Es werden n-2 unitäre Transformationen mit Matrizen

$$U^m = I - t_m w_m w_m^*, \quad m = 1,\ldots,n-2$$

ausgeführt, so daß die im Schritt m entstehende Matrix in der m-ten Spalte unterhalb des Elementes mit den Indizes (m+1,m) nur Nullen enthält.

Nach der Tridiagonalisierung der komplexen Matrix wird durch eine unitäre diagonale Ähnlichkeitstransformation eine symmetrische Tridiagonalmatrix erzeugt. Die Elemente der Diagonalmatrix ergeben sich aus

Sub- und Superdiagonalelementen $c_{i+1,i}$ und $c_{i,i+1} = \bar{c}_{i+1,i}$, $i = 1,\ldots,n-1$, durch

$$d_i = \frac{c_{12} \cdot c_{23} \cdot \ldots \cdot c_{i-1,i}}{|c_{12} \cdot c_{23} \cdot \ldots \cdot c_{i-1,i}|} \quad \text{für } i = 2,\ldots,n; \; d_1 = 1.$$

Um Überläufe zu vermeiden, wird die gegebene Matrix so skaliert, daß ihre Zeilensummennorm kleiner oder gleich 1 wird, das geschieht rundungsfehlerfrei durch einen Faktor, der mit Hilfe des Unterprogramms UFEX bestimmt wird. Alle arithmetischen Operationen werden doppeltgenau ausgeführt, und bei der Tridiagonalisierung auftretende Elemente a_{ij} mit

$$|Re(a_{ij})| < \varepsilon \quad \text{oder } |Im(a_{ij})| < \varepsilon \text{ mit } \varepsilon = 0{,}25 \cdot 16^{-25}$$

werden so verändert, daß die entsprechenden Real- oder Imaginärteile Null gesetzt werden.

- Rufzeile des Moduls
  CALL HDTRED (NM,A,H,D,E,E2,TAU)
- COMMON-Variable

N	(E)	= STEUER(1), INTEGER-Variable, enthält die Dimension der Ursprungsmatrix
IBB	(E)	= STEUER(5), INTEGER-Variable, enthält die Bandbreite der Ursprungsmatrix
IEV	(E)	= STEUER(8), INTEGER-Variable, enthält eine Steuergröße zur Eigenvektorberechnung; = 1 zu allen gesuchten Eigenwerten sind Eigenvektoren zu berechnen = 0 es werden nur Eigenwerte berechnet =-1 zu einigen gesuchten Eigenwerten sind Eigenvektoren zu berechnen
ISYMM	(A)	= STEUER(11), INTEGER-Variable, Steuergröße für Übergabe an den symmetrischen Zweig; ISYMM wird in HDTRED gleich -1 gesetzt
KRU	(A)	= STEUER(29), INTEGER-Variable, Steuergröße für Rücktransformation berechneter Eigenvektoren; = 0 wenn keine Eigenvektoren berechnet werden = 1 wenn Eigenvektoren berechnet werden sollen
NUEV	(A)	= STEUER(30), INTEGER-Variable, Steuergröße für Rücktransformation berechneter Eigenvektoren; = 0
ANORM	(A)	= STEUER(31), REAL*4-Variable, enthält die Zeilensummennorm der Ursprungsmatrix
EPMACH	(E)	= STEUER(36), REAL*4-Variable, enthält die Maschinen-

genauigkeit ε_{m1}

SCAL (A) = STEUER(40), REAL*4-Varibale, enthält den Skalierungsfaktor für die Rückskalierung

- Eingangsparameter
  - NM INTEGER-Variable, enthält die Zeilenanzahl der im Hauptprogramm vereinbarten entsprechenden Matrix
  - A COMPLEX-Feld der Dimension (NM,N), enthält die hermitesche Ursprungsmatrix
- Ausgangsparameter
  - H REAL*8-Feld der Dimension (NM,N), enthält Informationen über die ausgeführten Spiegelungstransformationen
  - D REAL*8-Vektor der Dimension N, enthält die Diagonale der symmetrischen Tridiagonalmatrix
  - E REAL*8-Vektor der Dimension N, enthält die Subdiagonale der symmetrischen Tridiagonalmatrix, E(1) = 0
  - E2 REAL*8-Vektor der Dimension N, enthält die Quadrate der Elemente der Subdiagonale, E2(1) = 0
  - TAU COMPLEX*16-Vektor der Dimension N, enthält, falls Eigenvektoren zu berechnen sind, Informationen über die verwendete Diagonaltransformation

Der Modul HTRBAK

Autor: Dipl.-Math. W. Müller

- Aufgabe

Der Modul HTRBAK transformiert jeweils einen Eigenvektor einer symmetrischen Tridiagonalmatrix T in einen entsprechenden Eigenvektor einer vollen komplex-hermiteschen Matrix H. Dabei können nur Eigenvektoren solcher symmetrischen Tridiagonalmatrizen transformiert werden, die mit Hilfe des Moduls HDTRED aus der Matrix H erhalten wurden.

Die Rücktransformation erfolgt in zwei Etappen: zuerst wird der gegebene reelle Eigenvektor durch komplexe Diagonaltransformation in den Eigenvektor einer ähnlichen hermiteschen Tridiagonalmatrix überführt und danach in den der vollen komplex-hermiteschen Matrix. Zur Transformation werden die Informationen, die vom Modul HDTRED über die ausgeführten Ähnlichkeitstransformationen bereitgestellten Informationen ausgenutzt.

Der erzeugte Vektor wird euklidisch normiert und mit einer komplexen Zahl e^{it} multipliziert, so daß die betragsmäßig größte Komponenten reell und positiv wird.

Alle arithmetischen Operationen werden doppelt-genau ausgeführt.

- Rufzeile des Moduls
  CALL HTRBAK (NM,H,TAU,EVC)
- COMMON-Variable
  N (E) = STEUER(1), INTEGER-Variable, enthält die Dimension der Ursprungsmatrix
  IBB (E) = STEUER(5), INTEGER-Variable, enthält die Bandbreite der Ursprungsmatrix
- Eingangsparameter
  NM INTEGER-Variable, enthält die Zeilenanzahl der im Hauptprogramm vereinbarten entsprechenden Matrix
  H REAL*8-Feld der Dimension (NM,N), enthält die Informationen über die komplexe Spiegelungstransformationen
  TAU COMPLEX*16-Vektor der Dimension N, enthält die Informationen über die unitären Diagonaltransformationen
  EWC COMPLEX*16-Vektor der Dimension N, enthält den reellen Eigenvektor, der transformiert werden soll
- Ausgangsparameter
  EVC COMPLEX*16-Vektor der Dimension N, enthält den transformierten Eigenvektor

7.4. Allgemein-komplexer Zweig

Der Modul CBAL

Autor: Dipl.-Math. B. Döhler

- Aufgabe

Im Modul CBAL wird
1. versucht, durch Permutation von Zeilen und Spalten auf der Hauptdiagonalen Eigenwerte zu isolieren; d. h., teilweise eine obere Dreiecksgestalt herzustellen und
2. der übrige Teil der Matrix so balanciert, daß durch diagonale Ähnlichkeitstransformationen die Euklidische Norm der gegebenen Matrix reduziert wird, um eine höhere Genauigkeit bei den nachfolgenden Eigenwertberechnungen erreichen zu können.

Die Balancierung wird analog dem Vorgehen bei allgemein reellen Matrizen (siehe den Modul RBAL) ausgeführt. Um bei den arithmetischen Operationen zu große Zahlen zu vermeiden, wird die Matrix so skaliert, daß ihre Spektralnorm kleiner als 1 ist. Die Skalierung wird rundungsfehlerfrei mit Hilfe eines Faktors, der durch den Modul UFEX bestimmt wird, ausgeführt.

- Rufzeile des Moduls
  CALL CBAL (NM,A,A,X,D,DIAGON,HV)

- COMMON-Variable

N	(E)	= STEUER(1), INTEGER-Variable, enthält die Dimension der Ursprungsmatrix
LOW	(A)	= STEUER(15), INTEGER-Variable, enthält den Anfangsindex des Hauptdiagonalblockes, der durch CBAL nicht auf obere Dreiecksgestalt gebracht wurde
UPP	(A)	= STEUER(16), INTEGER-Variable, enthält den entsprechenden Endindex (siehe LOW)
ANORM	(A)	= STEUER(31), REAL*4-Variable, enthält eine obere Schranke für die Spektralnorm der balancierten Matrix
SCALE	(A)	= STEUER(40), REAL*4-Variable, enthält den Skalierungsfaktor für die Rückskalierung der berechneten Eigenwerte

- Eingangsparameter

NM	INTEGER-Variable, enthält die Zeilenanzahl der im Hauptprogramm vereinbarten entsprechenden Matrizen
A	COMPLEX-Feld der Dimension (NM,N), enthält die Ursprungsmatrix (Die Matrix A erscheint zweimal in der Rufzeile, um sie im Modul sowohl als komplexe Matrix als auch als reelles Feld der Dimension (2,N,N) verarbeiten zu können.)

- Ausgangsparameter

D	COMPLEX*16-Feld der Dimension (NM,N), enthält die transformierte Matrix (Um den Speicherplatzbedarf zu verringern, kann das Feld D den gleichen Platz einnehmen, wie die Felder A und X zusammen, wenn A und D die gleiche Anfangsadresse besitzen, und das Feld X unmittelbar nach dem Feld A folgt.)
DIAGON	REAL*4-Vektor der Dimension N, enthält die Informationen über die ausgeführten diagonalen Ähnlichkeitstransformationen

- Hilfsfelder

X	REAL*4-Feld der Dimension (NM,N)
HV	REAL*4-Vektor der Dimension N

<u>Der Modul CHES</u>

Autor: Dipl.-Math. M. Meyer

- Aufgabe

Der Modul CHES transformiert eine voll besetzte komplexe Matrix mittels unitärer Ähnlichkeitstransformationen in eine Matrix von oberer Hessenberggestalt. Wurde die Matrix vorher mit dem Modul CBAL balanciert, geben LOW und UPP den Anfangs- und Endindex des Hauptdiagonalblockes an, für den die Transformation ausgeführt werden soll. Sie erfolgt durch UPP-LOW-1 Spiegelungen

$$S_i = I - r_i p_i p_i^*, \; i = LOW, LOW+1, \ldots, UPP-2,$$

so daß die Transformationsmatrix $T = S_{LOW} \cdot \ldots \cdot S_{UPP}$ wird.

Die Transformationen werden mit doppelt-genauer Arithmetik realisiert. Die Transformationsmatrix T wird vom Modul CHES nicht explizit berechnet, dies geschieht bei Bedarf durch den Modul CTRAMA durch Verarbeitung der vom Modul CHES bereitgestellten Informationen über die einzelnen Spiegelungen.

- Rufzeile des Moduls
  CALL CHES (NM,P,Q,R,D)
- COMMON-Variable

N	(E)	= STEUER(1), INTEGER-Variable, enthält die Dimension der Urspungsmatrix
LOW	(E)	= STEUER(15), INTEGER-Varible, enthält den Anfangsindex des Hauptdiagonalblockes, der von CBAL nicht auf obere Dreiecksgestalt gebracht wurde
UPP	(E)	= STEUER(16), INTEGER-Variable, enthält den entsprechenden Endindex (siehe LOW)

- Eingangsparameter

NM	INTEGER-Variable, enthält die Zeilenanzahl der im Hauptprogramm vereinbarten entsprechenden Matrix
D	COMPLEX*16-Feld der Dimension (NM,N), enthält die in obere Hessenberggestalt zu transformierende Matrix

- Ausgangsparameter

D	COMPLEX*16-Feld der Dimension (NM,N), enthält im rechten oberen Teil (Dreieck und eine Subdiagonale) die Hessenbergmatrix und im übrigen Teil Informationen über die ausgeführten Spiegelungen
R	REAL*8-Vektor der Dimension N, enthält weitere Informationen über die ausgeführten Transformationen

- Hilfsfelder

P,Q	COMPLEX*16-Vektoren der Dimension N

<u>Der Modul CTRAMA</u>

Autor: Dipl.-Math. M. Meyer

- Aufgabe

Die Transformationsmatrix, die die Überführung einer vollen in eine Hessenbergmatrix mit Hilfe des Moduls CHES erreichte, wird im Modul CTRAMA aus den bereitgestellten Informationen akkumuliert. Sie entsteht durch Bildung des Produktes

$$T = S_{LOW} \cdot S_{LOW+1} \cdot \ldots \cdot S_{UPP-2} \quad \text{mit } S_i = I - r_i p_i p_i^* .$$

Die Komponenten der Vektoren p_i und die Zahlen r_i werden durch den Inhalt der Matrix D und des Vektors R übermittelt; sie sind Ausgangsdaten des Moduls CHES.

Alle arithmetischen Operationen werden doppel-genau ausgeführt.

- Rufzeile des Moduls
  CALL CTRAMA (NM,P,Q,R,D)
- COMMON-Variable
  LOW (E) = STEUER(15), INTEGER-Varibale, enthält den Anfangsindex des Hauptdiagonalblockes, für den die Transformationsmatrix berechnet werden soll
  UPP (E) = STEUER(16), INTEGER-Variable, enthält den entsprechenden Endindex (siehe LOW)
- Eingangsparameter
  NM INTEGER-Variable, enthält die Zeilenanzahl der im Hauptprogramm vereinbarten entsprechenden Matrix
  D COMPLEX*16-Feld der Dimension (NM,N), enthält die Informationen über die vom Modul CHES ausgeführten Spiegelungen
  R REAL*8-Vektor der Dimension N, enthält weitere Informationen über die im Modul CHES ausgeführten Spiegerlungen
- Ausgangsparameter
  D COMPLEX*16-Feld der Dimension (NM,N), enthält die Transformationsmatrix in den Plätzen zwischen LOW und UPP

  Hilfsfelder
  P,Q COMPLEX*16-Vektoren der Dimension N

<u>Der Modul CQR</u>

Autor: Dipl.-Math. M. Meyer

- Aufgabe

Durch den Modul CQR werden mit Hilfe des Einzelschritt-QR-Algorithmus mit Francis-Verschiebung alle Eigenwerte (bei AKK = 0) bzw. alle Eigenwerte und Eigenvektoren (bei AKK = 1) berechnet [16]. Im Fall LOW>1 oder UPP<N werden außerdem die durch die Dreiecksgestalt der Eingangsmatrix in den Spalten 1,..,LOW-1 oder den Zeilen UPP+1,...,N isolierten Eigenwerten auf die entsprechenden Komponenten des Eigenwertvektors gespeichert. Die zu bearbeitende Matrix bzw. der Hauptdiagonalblock in den Indexgrenzen LOW und UPP wird geprüft, ob eine Aufspaltung in Teilblöcke vorgenommen werden kann. Das ist der Fall, wenn ein oder zwei aufeinanderfolgende Elemente der Subdiagonale, die von rechts unten her untersucht wird, klein werden. Bei 2 aufeinanderfolgenden kleinen Subdiagonalelementen kann gleichzeitig ein Eigenwert gewonnen werden.

Die QR-Schritte werden dann im jeweils rechten unteren Block durchgeführt. Hat dieser eine Dimension 1 oder 2 erreicht, können 1 oder 2 Eigenwerte abgespalten werden. Die Tests auf Kleinheit der Subdiagonalelemente erfolgt wie im Modul QRALL für allgemein-reelle Matrizen. Die Anzahl der für einen Eigenwert benötigten Iterationen ist aus dem Vektor IT zu ersehen; negative Eintragungen deuten auf paarweise abgespaltene Eigenwerte hin.

Für den Fall, daß AKK = 1 gilt, wird die Transformationsmatrix, die als Eingabe die Transformationsmatrix für die Herstellung der Hessenberggestalt enthält, ständig akkumuliert. Im Modul CSHIKO werden die Eigenvektoren der Dreiecksmatrix berechnet und die entsprechenden Schiefekoeffizienten bereitgestellt. Aus der Multiplikation mit der Transformationsmatrix ergeben sich dann die Eigenvektoren der balancierten Matrix.

- Rufzeile des Moduls
  CALL CQR (NM,W,Z,IT,E,E10,H)
- COMMON-Variable

N	(E)	= STEUER(1), INTEGER-Variable, enthält die Dimension der Ursprungsmatrix
FEA	(E)	= STEUER(6), INTEGER-Variable, enthält einen Steuerparameter zur Fehlerabschätzung; = 0 keine Fehlerabschätzung nötig = 1 Fehlerabschätzung gewünscht
LOW,UPP	(E)	= STEUER(15,16), INTEGER-Variable, enthalten Anfangs-, Endindex des Hauptdiagonalblockes, der durch CBAL nicht in Dreiecksgestalt gebracht wurde
IERR	(A)	= STEUER(17), INTEGER-Variable, enthält einen Fehleranzeiger; = 0 alle Eigenwerte sind berechnet worden, ≠ 0 der Wert gibt den Index des Eigenwertes an, bei dessen Berechnung nach 50 QR-Schritten noch keine Konvergenz auftrat; alle bis dahin berechneten Eigenwerte sind im Eigenwertvektor enthalten, aber Eigenvektoren werden keine berechnet
AKK	(E)	= STEUER(22), INTEGER-Variable, enthält einen Steuerparameter zur Eigenvektorberechnung; = 0 mit dem Modul CQR sollen nur Eigenwerte berechnet werden = 1 mit dem Modul CQR sollen Eigenwerte und Eigenvektoren berechnet werden
ANORM	(E)	= STEUER(31), REAL*4-Variable, enthält eine obere

Schranke für die Spektralnorm der Hessenbergmatrix

EPSQR (E) = STEUER(37), REAL*4-Variable, enthält die Abbruchschranke für den QR-Algorithmus

- Eingangsparameter

NM	INTEGER-Varibale, enthält die Zeilenanzahl der im Hauptprogramm vereinbarten entsprechenden Matrizen
Z	COMPLEX-Feld der Dimension (NM,N), enthält bei AKK = 1 die Transformationsmatrix (= Ausgabe des Moduls CTRAMA)
H	COMPLEX-Feld der Dimension (NM,N), enthält die obere Hessenbergmatrix

- Ausgangsparameter

W	COMPLEX-Vektor der Dimension N, enthält die berechneten Eigenwerte
Z	COMPLEX-Feld der Dimension (NM,N), enthält bei AKK = 1 die berechneten Eigenvektoren in den entsprechenden Spalten
E10	REAL*4-Vektor der Dimension N, enthält die Kehrwerte der Schiefekoeffizienten
H	COMPLEX-Feld der Dimension (NM,N), enthält die durch den QR-Algorithmus entstehende Rechtsdreiecksmatrix

- Hilfsfelder

IT	INTEGER-Vektor der Dimension N, enthält die Iterationszahlen für die Eigenwerte
E	REAL*4-Vektor

Der Modul CSHIKO

Autor: Dipl.-Math. M. Meyer

- Aufgabe des Moduls

Mit Hilfe des Moduls wird ein Rechtsdreieckssystem $Rx = 0$ gelöst: $R = A - tI$, wobei A die durch den QR-Algorithmus entstehende Rechtsdreiecksmatrix und t der abgespaltene Eigenwert sind. Deshalb zerfällt das Gleichungssystem in

$$R_{11}x_1 + R_{12}x_2 + r = 0 \text{ und } R_{22}x_2 = 0, \; r = \text{die Spalte von } R, \text{ die } R_{11} \text{ und } R_{12} \text{ trennt}$$

$$x = (x_1, 1, x_2)^T .$$

Daraus ergibt sich $x_2 = 0$ und $R_{11}x_1 = -r$.

Bei FEA $\neq 0$ wird durch Lösung des Linksdreieckssystems $R^{*}y = 0$ der Linkseigenvektor und im Anschluß daran noch der Schiefekoeffizient berechnet; der Kehrwert davon wird ausgegeben.

Der Modul CDEF

Autor: Dipl.-Math. M. Meyer

- Aufgabe

Mit Hilfe des Moduls CDEF werden die Defekte und deren Normen für die Eigenpaare berechnet, die Lösung der gegebenen Aufgabenstellung sind. Im Markierungsvektor wird getestet, für welche Indizes i Eigenwert und Eigenvektor berechnet wurden (MARK(i) = 1), und für diese Indizes wird

$$DEF(i) = \left(\sum_{j=1}^{N} \left(\sum_{k=1}^{N} a_{jk} \cdot x_{ki} - t_i \cdot x_{ji} \right)^2 \right)^{1/2}$$

berechnet. Die Normberechnung erfolgt mit doppelt-genauer Arithmetik

- Rufzeile des Moduls

  CALL CDEF (NM,A,X,EW,MARK,DEF)

- COMMON-Variable

  N (E) = STEUER(1), INTEGER-Variable, enthält die Dimension der Ursprungsmatrix

- Eingangsparameter

  NM INTEGER-Variable, enthält die Zeilenanzahl der im Hauptprogramm vereinbarten entsprechenden Matrizen

  A COMPLEX-Feld der Dimension (NM,N), enthält die balancierte Matrix

  X COMPLEX-Feld der Dimension (NM,N), enthält die berechneten Eigenvektoren

  EW COMPLEX-Vektor der Dimension N, enthält die entsprechenden Eigenwerte

  MARK INTEGER-Vektor der Dimension N, Markierungsvektor zur Charakterisierung der Lösung der gestellten Aufgabe;

  = 1 die Defektnorm des entsprechenden Eigenpaares soll berechnet werden

  ≠ 1 wird vom Modul CDEF ignoriert

- Ausgangsparameter

  DEF REAL*4-Vektor der Dimension N, enthält in den durch MARK(I) = 1 charakterisierten Plätzen die Defektnorm des entsprechenden Eigenpaares

Der Modul CREBAL

Autor: Dipl.-Math. B. Döhler

- Aufgabe

Der Modul CREBAL überführt die berechneten Eigenwerte und Eigenvektoren der balancierten Matrix in Eigenwerte und Eigenvektoren der Ursprungsmatrix.

Die Eigenvektoren stehen in den Spalten I der Eigenvektormatrix EVC, für die MARK(I) = 1 gilt; sie werden mit der Diagonalmatrix diag($1,\ldots,1,d_{LOW},\ldots,d_{UPP},1,\ldots,1$) multipliziert. Anschließend werden die Komponenten der Eigenvektoren so vertauscht, daß die in CBAL ausgeführten Permutationen rückgängig gemacht werden; die Informationen über die Permutationen und die Diagonalelemente sind im von CBAL bereitgestellten Vektor DIAGON enthalten.

Die Eigenvektoren werden so normiert, daß die Eulidische Norm gleich 1 und die betragsgrößte Komponente reell ist. Die Eigenvektoren werden noch so umgespeichert, daß sie in den ersten IEVANZ Spalten der Matrix EVC stehen, die entsprechenden Eigenwerte werden in den entsprechenden ersten IEVANZ Elementen des Eigenwertvektors gespeichert. Die Elemente von EW(IEVANZ+1),...,EW(IEWANZ) enthalten die Eigenwerte, zu denen keine Eigenvektoren berechnet wurden. Bei der Umspeicherung der Eigenwerte werden diese mit dem Skalierungsfaktor SCALE multipliziert, um die im Modul CBAL ausgeführte Skalierung aufzuheben.

- Rufzeile des Moduls
  CALL CREBAL (NM,EVC,EVC,EW,MARK,DIAGON)
- COMMON-Variable

N	(E)	= STEUER(1), INTEGER-Variable, enthält die Dimension der Ursprungsmatrix
EV	(E)	= STEUER(8), INTEGER-Variable, enthält einen Steuerparameter zur Eigenvektorberechnung; = 0 es wurden keine Eigenvektoren berechnet ≠ 0 es wurden Eigenvektoren berechnet.
LOW	(E)	= STEUER(15), INTEGER-Variable, enthält den Anfangsindex des Hauptdiagonalblockes, der vom Modul CBAL nicht auf obere Dreiecksgestalt gebracht wurde
UPP	(E)	= STEUER(16), INTEGER-Variable, enthält den entsprechenden Endindex (siehe LOW)
SCALE	(E)	= STEUER(40), REAL*4-Varibale, enthält den Skalierungsfaktor aus dem Modul CBAL
IEWANZ	(A)	= STEUER(27), INTEGER-Variable, enthält die Anzahl der berechneten Eigenwerte
IEVANZ	(A)	= STEUER(28), INTEGER-Variable, enthält die Anzahl der berechneten Eigenvektoren

- Eingangsparameter

NM	INTEGER-Variable, enthält die Zeilenanzahl der im Hauptprogramm vereinbarten entsprechenden Matrizen
EVC	COMPLEX-Feld der Dimension (NM,N), enthält die Eigenvektoren
EW	COMPLEX-Vektor der Dimension N, enthält die Eigenwerte

MARK INTEGER-Vektor der Dimension N, enthält Markierungen für die berechneten Eigenvektoren und Eigenwerte;

MARK(I) = -1 EW(I) enthält einen gesuchten Eigenwert

MARK(I) = 0 dem Index I entsprechen in EW und EVC keine Lösungen der Aufgabenstellung

MARK(I) = 1 EW(I) enthält einen Lösungseigenwert und die Spalte I der Matrix EVC enthält den entsprechenden Eigenvektor

DIAGON REAL*4-Vektor der Dimension N, enthält die Informationen aus dem Modul CBAL

(Das Feld EVC erscheint in der Rufzeile zweimal, um es innerhalb des Moduls als komplexes und als reelles Feld der Dimension (2,N,N) verarbeiten zu können)

Der Modul CINVIT

Autor: Dipl.-Math. A. Meyer

- Aufgabe

Mit Hilfe der Inversen Iteration wird zu einem Eigenwert t der komplexen Hessenbergmatrix H ein Eigenvektor berechnet.

Der Modul CINVIT ist das komplexe Analogon des Moduls INVITR. Die Durchführung der Inversen Iteration und die Abbruchbedingungen sind völlig analog.

Zur QR-Zerlegung der komplexen Hessenbergmatrix H - tI ist der Modul CQRZER, für die Multiplikation der rechten Seite mit der Matrix Q^* der Modul CQMUL und zum Lösen des Dreieckssystems

$$Rx_{k+1} = \alpha_k Q^* x_k$$

der Modul CINMOU nötig.

- Rufzeile des Moduls

  CALL CINVIT (NM,H,R,EW,DEF,X,X1,ALF)

- COMMON-Variable

  N (E) = STEUER(1), INTEGER-Variable, enthält die Dimension der Ursprungsmatrix

  IERR (A) = STEUER(17), INTEGER-Variable, enthält einen Fehleranzeiger; = 1 bei Konvergenzversagen

  GEN2 (E) = STEUER(38), REAL*4-Variable, enthält die Abbruchsschranke für die Inverse Iteration

- Eingangsparameter

  NM INTEGER-Variable, enthält die Zeilenanzahl der im Hauptprogramm vereinbarten entsprechenden Matrizen

  H COMPLEX-Feld der Dimension (NM,N), enthält die Hessenbergmatrix

EW	COMPLEX-Variable, enthält die Eigenwertnäherung
X	COMPLEX-Vektor der Dimension N, enthält den Startvektor

- Ausgangsparameter

X	COMPLEX-Vektor der Dimension N, enthält den Eigenvektor
EW	COMPLEX-Variable, enthält die verbesserte Eigenwertnäherung
DEF	REAL*4-Variable, enthält die Norm des Defektes

- Hilfsfelder

X1,ALF	COMPLEX-Vektoren der Dimension N
R	COMPLEX-Matrix der Dimension (NM,N)

Der Modul CQRZER

Autor: Dipl.-Math. A. Meyer

- Aufgabe

Die komplexe Matrix $H - \lambda I$ wird in das Produkt einer unitären und einer Rechtsdreiecksmatrix zerlegt. Der Modul CQRZER ist eine Verallgemeinerung des Moduls QRZU für allgemein reelle Matrizen auf den komplexen Fall.

Die obere Hessenbergmatrix $H - \lambda I$ wird durch Linksmultiplikation mit n-1 unitären Drehungsmatrizen

$$Q_i = (I,\ C_i,\ I) \text{ mit}$$

$$C_i = \begin{pmatrix} \alpha_i s_i & c_i \\ \alpha_i c_i & -s_i \end{pmatrix}, \quad |\alpha_i| = 1; \quad s_i, c_i > 0, \quad c_i^2 + s_i^2 = 1$$

in obere Dreiecksgestalt überführt.

Die Zerlegung wird so ausgeführt, daß alle Werte r_{ii} reell werden; dazu ist noch eine zusätzliche Multiplikation mit $Q_n = \mathrm{diag}(1,\ldots,1,\alpha_n)$, $|\alpha_n| = 1$ erforderlich.

Für $|s_i| < 0{,}25 \cdot 16^{-6}$ bzw. $|c_i| < 0{,}25 \cdot 16^{-6}$ wird s_i bzw. c_i gleich Null und entsprechend c_i bzw. s_i gleich Eins gesetzt, weil für alle ε mit $\varepsilon < 16^{-13} = (0{,}25 \cdot 16^{-6})^2$ gilt, daß $fl_2(1+\varepsilon) = 1$ ist.

Der Modul CQMUL

Autor: Dipl.-Math. A. Meyer

- Aufgabe

Der Modul CQMUL multipliziert einen Vektor mit den im Modul CQRZER erzeugten unitären Drehungsmatrizen. Die Ausgabewerte von CQRZER werden direkt als Eingabe für den Modul CQMUL verwendet. Es entsteht

$$y = Q_n Q_{n-1} \cdots Q_1 x.$$

Der Modul CINMOU

Autor: Dipl.-Math. A. Meyer

- Aufgabe

Durch den Modul CINMOU wird ein lineares Gleichungssystem

$$Rx = ty, \quad t > 0$$

mit der komplexen Rechtsdreiecksmatrix R und der komplexen rechten Seite y gelöst. Der Lösungsalgorithmus ist die komplexe Verallgemeinerung des Algorithmus im Modul INMOU. Der Normierungsfaktor t wird ebenfalls so bestimmt, daß $\|x\|_\infty \leq 1$ gilt. Zu dieser rundungsfehlerfreien Normierung wird der Modul UFEX benutzt.

Der Modul CRETRA

Autor: Dipl.-Math. A. Meyer

- Aufgabe

Durch den Modul CRETRA werden die berechneten Eigenvektoren der oberen Hessenbergmatrix in die entsprechenden Eigenvektoren der balancierten Matrix transformiert. Die zu transformierenden Eigenvektoren sind in den Spalten i der Eigenvektormatrix enthalten, für die das i-te Element des Markierungsvektors gleich 1 ist. Eigenvektoren, die in einer Spalte stehen, deren Index kleiner LOW oder größer als UPP ist, werden nicht transformiert. Für die Transformation werden die Informationen genutzt, die vom Modul CHES bereitgestellt wurden als Informationen über die ausgeführten unitären Ähnlichkeitstransformationen zur Herstellung der Hessenberggestalt.

- Rufzeile des Moduls

  CALL CRETRA (NM,A,X,E1,MARK)

- COMMON-Variable

N	(E)	= STEUER(1), INTEGER-Variable, enthält die Dimension der Ursprungsmatrix
LOW	(E)	= STEUER(15), INTEGER-Variable, enthält den Anfangsindex des Hauptdiagonalblockes, der vom Modul CBAL nicht auf obere Dreiecksgestalt gebracht wurde
UPP	(E)	= STEUER(16), INTEGER-Variable, enthält den entsprechenden Endindex (siehe LOW)

- Eingangsparameter

NM	INTEGER-Variable, enthält die Zeilenanzahl der im Hauptprogramm vereinbarten entsprechenden Matrizen
A	COMPLEX-Feld der Dimension (NM,N), enthält im linken unte-

ren Dreieck Informationen über die im Modul CHES ausgeführten unitären Transformationen (= Ausgabe von CHES)

X COMPLEX-Feld der Dimension (NM,N), enthält in den durch MARK(I) = 1 gekennzeichneten Spalten die zu transformierenden Eigenvektoren

E1 REAL*8-Vektor der Dimension N, enthält weitere Informationen über die im Modul CHES ausgeführten unitären Transformationen (Ausgabe von CHES)

MARK INTEGER-Vektor der Dimension N, enthält den Markierungsvektor; MARK(I) = 1 bedeutet, daß der in der Spalte I der Matrix X stehende Eigenvektor transformiert werden soll

- Ausgangsparameter

  X COMPLEX-Feld der Dimension (NM,N), enthält die transformierten Eigenvektoren in denselben Spalten wie als Eingabe

Der Modul CERR

Autor: Dipl.-Math. M. Meyer

- Aufgabe

Im Modul CERR werden für alle berechneten Eigenwerte und Eigenvektoren Schranken für den absoluten Fehler der Eigenwerte angegeben. Es werden

$$R = |\lambda_i| \cdot \varepsilon_{m1} \quad \text{und} \quad S = \begin{cases} 0, & \text{wenn keine Eigenvektoren berechnet sind} \\ \|\sigma_i\| \cdot s_i \cdot t & \text{sonst,} \end{cases}$$

wobei $\|\sigma_i\|$ die Norm des Defektes des i-ten Eigenpaares,
s_i der entsprechende Schiefekoeffizient und
t der im Modul CBAL gewonnene Skalierungsfaktor **sind.**

Die absolute Schranke wird dann gewonnen aus

$$\varepsilon_i = \max(R,S).$$

- Rufzeile des Moduls

  CALL CERR (MARK,EW,DEF,SHIKO)

- COMMON-Variable

  N (E) = STEUER(1), INTEGER-Variable, enthält die Dimension der Ursprungsmatrix

  IEWANZ (E) = STEUER(27), INTEGER-Variable, enthält die Anzahl der berechneten Eigenwerte

  IEVANZ (E) = STEUER(28), INTEGER-Variable, enthält die Anzahl der berechneten Eigenvektoren

  MACHEP (E) = STEUER(36), REAL*4-Variable, enthält die Maschinengenauigkeit ε_{m1}

  SCALE (E) = STEUER(40), REAL*4-Variable, enthält den Skalierungsfaktor, der vom Modul CBAL bereitgestellt wurde

Eingangsparameter

MARK INTEGER-Vektor der Dimension N, enthält die Markierungen für die berechneten Eigenwerte und Eigenvektoren

EW COMPLEX-Vektor der DimensionN, enthält die berechneten Eigenwerte in den Elementen EW(1),...,EW(IEWANZ)

DEF REAL*4-Vektor der Dimension N, enthält in den Elementen DEF(1),...,DEF(IEVANZ) die Normen der Defekte der berechneten Eigenpaare

SHIKO REAL*4-Vektor der Dimension N, enthält in den entsprechenden Elementen die Kehrwerte der Schiefekoeffizienten der berechneten Eigenvektoren

- Ausgangsparameter

SHIKO REAL*4-Vektor der Dimension N, enthält die Schranken für die absoluten Fehler der Eigenwerte

8. Anwendungsbeispiele

In diesem Kapitel werden einige Anwendungsbeispiele angegeben, die an unterschiedlichen Aufgabenstellungen veranschaulichen sollen, wie diese in einen Aufruf des Programmsystems MEIWEP umgesetzt werden können. Zu den einfachsten Beispielen wird noch eine Möglichkeit der Nutzung der einzelnen Moduln hinzugefügt. Dabei auftretende Unterprogramme wie KUERZ, BAUSCH, STAUCH u. a. sind Hilfsprogramme, die lediglich der Datenanpassung zwischen den Moduln dienen; sie sind im Programmsystem enthalten.

Die folgenden Beispiele sind der Dokumentation des Programmsystems, Teil 1, entnommen [6].

Beispiel 1

Es sind alle Eigenwerte und Eigenvektoren einer reellen symmetrischen Matrix MAT der Dimension N≤50 zu berechnen. Der absolute Fehler der berechneten Eigenwerte soll den Wert FABS nicht überschreiten. Die Eigenwerte sollen im Feld EW und die Eigenvektoren im Feld EV stehen. Zwischenergebnisse sollen protokolliert werden.

Nutzung des Programmsystems mit CODEIG

```
.........  Nutzervereinbarungen
DIMENSION  EIG(5,1Ø),MAT(5Ø,5Ø),EV(5Ø,5Ø),EW(5Ø),GENK(4)
REAL*4 MAT
........   Einlesen von  N,MAT,FABS  oder Nutzerprogramm
NM = 5Ø
```

```
      CALL  CODEIG (IANZ,EIG,'EIGENWERTE UND EIGENVEKTOREN','ALLE',
     1             'PROTOKOLL:ZWISCHENERG')
      GENK(1) = Ø.Ø
      GENK(2) = Ø.Ø
      GENK(3) = Ø.Ø
      GENK(4) = FABS
      CALL  MEIWEP  (NM,N,N,MAT,'REELL','SYM','SYSTEM',EW,IEWANZ,
     1              EV,IEVANZ,IER,'SP',GENK)
      ........      Ausgabe von EW und EV oder Weiterverarbeitung,
                    falls IER = Ø, sonst Fehlermeldung
      ........      Fortsetzung des Nutzerprogramms
```

Nutzung als Programmpaket

```
      ........      Nutzervereinbarungen
      COMMON/STEUER/N, LEER1(15),IERR,LEER2(4),LV,INDFEH,LEER3(7),
     1              ANORM,LEER4(4),MACHEP
      REAL*8 Z(5Ø,53)
      DIMENSION IND(5Ø)
      REAL*4 MAT(5Ø,5Ø),EV(5Ø,5Ø),D(5Ø),H1(5Ø),E(5Ø),H2(5Ø),E2(5Ø),
     1       H3(5Ø),EW(5Ø),H4(5Ø),MACHEP
      EQUIVALENCE (Z(1),MAT(1)),(Z(1226),EV(1)),(Z(25Ø1),D(1)),
     1            (Z(2526),H1(1)),(Z(2551),E(1)),(z(2576),H2(1)),
     2            (Z(2551),E2(1)),(Z(2626),H3(1))
      NM = 5Ø
C BEI ANDEREN MAXIMALEN DIMENSIONEN NM SIND ZU AENDERN:
C VEREINBARUNGEN: Z(NM,NM+3),MAT(NM,NM),EV(NM,NM),D(NM),H1(NM),E(NM),
C                 H2(NM),E2(NM),H3(NM),EW(NM),H4(NM),IND(NM)
C AEQUIVALENCEN:  (Z(NM**2/2+1,EV(1)),(Z(NM**2+1),D(1)),
C                 (Z(NM**2+NM/2+1),H1(1)),(Z(NM**2+NM+1),E(1)),
C                 (Z(NM**2+3*NM/2+1),H2(1)),(Z(NM**2+2*NM+1),E2(1)),
C                 (Z(NM**2+5*NM/2+1),H3(1))
      ........     Eingabe von  N, MAT, MACHEP
      LV = 1
      IERR = Ø
C EINGELESENE MATRIX IN DOPPELTE GENAUIGKEIT UMWANDELN
      CALL  BAUSCH (NM,MAT,Z)
C TRIDIAGONALISIERUNG
      CALL  DTRED2 (NM,D,E,E2,Z)
C RUECKFUEHRUNG VON D,E,E2 IN EINFACHE GENAUIGKEIT
      CALL  KUERZ (D,D)
      CALL  KUERZ (E,E)
      CALL  KUERZ (E2,E2)
```

```
C VORBEREITUNGSARBEITEN FUER IMTQL MIT EIGENVEKTOREN
      E(1) = Ø
      U = D(N) - ABS(E(N))
      O = D(N) + ABS(E(N))
      K = N - 1
      DO 1Ø I = 1,K
      U = AMIN1(U,(D(I) - ABS(E(I)) - ABS(E(I+1))))
   10 CONTINUE
      ANORM = AMAX1(ABS(U),ABS(O))
C AKKUMULATION DER TRANSFORMATIONSMATRIX
      CALL  DTRAK2  (NM,Z)
C RUECKFUEHRUNG DER TRANSFORMATIONSMATRIX IN EINFACHE GENAUIGKEIT
      CALL  STAUCH  (NM,EV,Z)
C BERECHNUNG VON EIGENWERTEN UND EIGENVEKTOREN
      CALL  IMTQL   (NM,D,E,EW,H1,H2,H3,H4,IND,EV)
      ...... Fortsetzung des Nutzerprogramms
```

Beispiel 2

Zur reellen symmetrischen Matrix A der Dimension N $\leq$ 30 sollen der betragsmäßig kleinste Eigenwert mit zugehörigem Eigenvektor sowie alle Eigenwerte aus dem Intervall (U,O) berechnet werden. Der absolute Fehler der berechneten Eigenwerte sei kleiner oder gleich FEW. Die Eigenwerte sollen im Feld EW und der Eigenvektor im Feld EV zur Verfügung stehen. Die verwendeten Verfahren sollen protokolliert werden.

Nutzung des Programmsystems ohne den Modul CODEIG

```
      .......... Nutzervereinbarungen
      DIMENSION EIG(5,3),A(3Ø,3Ø),EV(3Ø,3Ø),GENK(4),EW(3Ø)
      NM = 3Ø
      .......... Einlesen von N,A,FEW,U,O oder Nutzerprogramm
      EIG(1,1) = -1
      EIG(2,1) = 1
      EIG(3,1) = 1
      EIG(4,1) = 1
      EIG(5,1) = 1+N
      EIG(1,2) = 1
      EIG(2,2) = Ø
      EIG(3,2) = U
      EIG(4,2) = O
      EIG(5,2) = N
      EIG(1,3) = -1
      EIG(2,3) = 1
```

```
        EIG(3,3) = Ø
        GENK(1)  = Ø.Ø
        GENK(2)  = Ø.Ø
        GENK(3)  = Ø.Ø
        GENK(4) = FEW
        CALL  MEIWEP (NM,N,N,A,'REELL','SYM',Ø,Ø,2,EIG,'NUTZER',EW,
      1               IEWANZ,EV,IEVANZ,IER,Ø,GENK)
        ..........Ausgabe oder Weiterverarbeitung von EW und EV
```

Nutzung des Programmsystems mit dem Modul CODEIG

```
        ..........Nutzervereinbarungen
        DIMENSION  EIG(5,3),A(3Ø,3Ø),EV(3Ø,3Ø),GENK(4),EW(3Ø)
        NM = 3Ø
        IANZ = 2
        ......... Einlesen von  N,A,FEW,U,O oder Nutzerprogramm
        CALL  CODEIG (IANZ,EIG,'EW UND EV','ABS MIN',1,'NUR EIGENWERTE',
                      'INTERVALL',U,O,'PROTOKOLL:VERF.')
        GENK(1) = Ø.Ø
        GENK(2) = Ø.Ø
        GENK(3) = Ø.Ø
        GENK(4) = FEW
        CALL MEIWEP (NM,N,N,A,'REELL','SYM',Ø,Ø,2,EIG,'SYSTEM',EW,
      1               IEWANZ,EV,IEVANZ,IER,Ø,GENK)
        ......... Ausgabe oder Weiterverarbeitung von EW und EV
```

Beispiel 3

Berechnung aller Eigenwerte einer reellen nichtsymmetrischen Matrix A der Dimension N ≤ 50. Die Elemente von A sind mit dem relativen Fehler FREL behaftet, die Eigenwerte sollen im Feld LAMBDA gespeichert sein, und **Zwischenergebnisse** sind zu protokollieren.

Nutzung des Programmsystems ohne CODEIG

```
        ......... Nutzervereinbarungen
        DIMENSION  EIG(5,2),A(5Ø,5Ø),GENK(4)
        COMPLEX    LAMBDA(5Ø)
        DATA       EIG,GENK /3*1.,4*Ø.,2.,6*Ø./
        ......... Einlesen von  N,A,FREL oder Nutzerprogramm
        NM = 5Ø
        EIG(4,1) = N
        EIG(5,1) = N
        GENK(1) = FREL
        CALL  MEIWEP (NM,N,N,A,'REELL',Ø,Ø,Ø,EIG,'NUTZER',LAMBDA,
                      IEWANZ,A,IEVANZ,IER,Ø,GENK)
```

```
      ........ Ausgabe der Eigenwerte oder Weiterverarbeitung
Nutzung als Programmpaket
      ........ Nutzervereinbarungen
      REAL*8 D(5Ø,54)
      REAL*4 A(5Ø,5Ø),B(5Ø,5Ø),EWR(5Ø),EWI(5Ø),MACHEP
      COMPLEX LAMBDA(5Ø)
      INTEGER E(5Ø,8),UPP,AKK
      COMMON/STEUER/ N,LEER(8),ID,LEER2(3),IPROTD,LOW,UPP,IER,
     1               LEER(3),IVER,AKK,LEER4(5),IBZ,LEER5(4),EPSER,
     2               LEER6(2),MACHEP,EPSQR,LEER7(2),SC
      EQUIVALENCE (D(1),A(1)),(D(1251),B(1)),(D(25Ø1),E(1))
      NM = 5Ø
C BEI ANDERER MAXIMALER DIMENSION NM SIND ZU AENDERN:
C VEREINBARUNGEN: D(NM,NM+4),A(NM,NM),B(NM,NM),EWR(NM),EWI(NM),
C                 LAMBDA(NM),E(NM,8)
C AEQUIVALENZEN:  (D(NM**2/2+1),B(1)),(D(NM**2+1),E(1))
      ........ Einlesen von N,A,FREI,MACHEP oder Nutzerprogramm
C VORBEREITUNGEN
      IPROTD = 1
      IVER   = 1
      AKK    = Ø
      IBZ    = 1
      EPSER  = FREL
C BALANCIERUNG
      CALL  RBAL (NM,A,B,D,E(1,2),E)
C GENAUIGKEITSSTEUERUNG
      CALL  EPSDG (E(1,2))
      IF (ID .NE. Ø)  EPSQR = MACHEP
C TRANSFORMATION AUF HESSENBERGGESTALT
      CALL  HOUSE (NM,E(1,5),E(1,7),E(1,3),D)
C RUECKFUEHRUNG IN EINFACHE GENAUIGKEIT
      CALL  KURZ (NM,D,A)
     EE(1,5) = LOW
      E(1,6) = UPP
C BERECHNUNG DER EIGENWERTE
      CALL  QRALL (NM,B,EWR,EWI,E,E,E,E,E,E,E,E,E(1,5),E(1,6),E,A)
      ........ falls IER größer als Ø ist, Fehlerbehandlung
C UMSPEICHERUNG UND RUECKSKALIERUNG DER EIGENWERTE
      DO  1Ø  I = 1,N
   1Ø LAMBDA(I) = SC * CMPLX (EWR(I),EWI(I))
      ........ Weiterverarbeitung der Eigenwerte
```

Beispiel 4

Berechnung derjenigen Eigenwerte LAMBDA einer reellen nichtsymmetrischen Matrix A der Dimension N ≤ 30, die zu gegebenen Näherungen NAEH(1), NAEH(2),...,NAEH(K) den geringsten Abstand haben. Außerdem sind zu denjenigen Eigenwerten, deren Betrag kleiner oder gleich 1 ist, die Eigenvektoren zu berechnen.

Nutzung des Programmsystems ohne CODEIG

```
        ........ Nutzervereinbarungen
        DIMENSION A(3Ø,3Ø),EV(3Ø,3Ø),EIG(5,11),GENK(4)
        COMPLEX   NAEH(1Ø),LAMBDA(3Ø)
        DATA      EIG,GENK/59*Ø./
        NM = 3Ø
        ........ Einlesen von  K,N,NAEH,A oder Nutzerprogramm (K ≤ 5)
        KK = K+K
        DO  1Ø  J = 1,KK,2
        EIG(2,J) = REAL(NAEH(J))
        EIG(3,J) = AIMAG(NAEH(J))
        EIG(4,J+1) = 1
        EIG(5,J) = 1 + N + N
     1Ø EIG(5,J+1) = 1
        EIG(1,KK+1) = -1
        CALL  MRIWEP (NM,N,N,A,'REELL',Ø,Ø,Ø,KK,EIG,'NUTZER',LAMBDA
      1              IEWANZ,EV,IEVANZ,IER,Ø,GENK)
        ........ Ausgabe oder Weiterverarbeitung der Eigenwerte und
                 Eigenvektoren (auf  EV)
```

Beispiel 5

Berechnung derjenigen Eigenwerte EW einer reellen nichtsymmetrischen Matrix A der Dimension N ≤ 50, die innerhalb der Kreise $K_1(1,1)$ und $K_2(-1,1)$ liegen. Die entsprechenden Eigenvektoren sind mit zu berechnen und im Feld EV zu speichern.

Nutzung des Programmsystems ohne CODEIG

```
        ........ Nutzervereinbarungen
        DIMENSION (A(5Ø,5Ø),EV(5Ø,5Ø),EIG(5,3),GENK(4)
        COMPLEX   EW(5Ø)
        DATA      EIG,GENK /Ø.,1.,Ø.,2*Ø.,-1.,3*1.,8*Ø./
        NM = 5Ø
        COMMON/STEUER/N
```

```
........  Einlesen von N,A
EIG(5,1) = N
EIG(5,2) = N
CALL  MEIWEP (NM,N,N,A,'REELL',Ø,Ø,Ø,2,EIG,'NUTZER',EW,IEWANZ,
1              EV,IEVANZ,IER,Ø,GENK)
........  Ausgabe der Ergebnisse oder Weiterverarbeitung
```

Nutzung des Programmsystems mit CODEIG

```
........  Nutzervereinbarungen
DIMENSION A(5Ø,5Ø),EV(5Ø,5Ø),EIG(5,3),GENK(4)
COMPLEX   EW(5Ø)
NM = 5Ø
IANZ = 2
........  Einlesen von  N,A
CALL  CODEIG (IANZ,EIG,'EIGENWERTE UND EIGENVEKTOREN','KREIS',
              1.,0.,1.,'KREIS',-1.,Ø.,1.)
CALL  MEIWEP (NM,N,N,A,'REELL',Ø,Ø,Ø,IANZ,EIG,'SYSTEM',EW,
1              IEWANZ,EV,IEVANZ,IER,Ø,GENK)
........  Ausgabe oder Weiterverarbeitung
```

Beispiel 6

Es sind IM vorgegebene Eigenwertnäherungen EWC(1),EWC(2),...,EWC(IM) einer beliebigen komplexen Matrix C der Dimension N ≤ 50 zu verbessern und die zu ihnen gehörigen Eigenvektoren zu berechnen. Die Eigenwerte sind wieder im Feld EWC und die Eigenvektoren spaltenweise im Feld EV bereitzustellen.

Nutzung des Programmsystems mit CODEIG

```
........  Nutzervereinbarungen
DIMENSION EIG(5,51),GENK(4)
COMPLEX   C(5Ø,5Ø),EV(5Ø,5Ø),EWC(5Ø)
NM = 5Ø
........  Einlesen von  N,C,IM,EWC
CALL  CODEIG (IANZ,EIG,'NAEHERUNG',EWC,IM)
CALL  MEIWEP (NM,N,N,C,'KOMPLEX',Ø,Ø,Ø,IM,EIG,'SYSTEM',EWC,IW,
1              EV,IV,IER,Ø,GENK)
........  Ausgabe der Ergebnisse bei IER = Ø sonst Fehlermel-
          dung
```

Nutzung als Programmpaket

```
........  Nutzervereinbarungen
COMMON/STEUER/ N,LEER1(4),FEA,LEER2,EV,LEER3(12),IVER,LEER4(2),
```

```
     1                    IM,LEER5(4),INV,KINV,LEER6,EPSEA,EPSER,LEER7(
     2                    (6),SCALE

      COMPLEX*16 D(5Ø,53)
      COMPLEX*8  C(5Ø,5Ø),B(5Ø,5Ø),EV(5Ø,5Ø),EWC(5Ø)
      INTEGER    E(5Ø,12),E(5Ø,11)
      EQUIVALENCE(D(1),B(1)),(D(1251),EV(1)),(D(25Ø1),E(1))
C
C BEI ANDERER MAXIMALER DIMENSION NM SIND ZU AENDERN:
C VEREINBARUNGEN: D(NM,NM+3),C(NM,NM),B(NM,NM),EV(NM,NM),EWC(NM),
C                 E(NM,12),E(NM,11)
C AEQUIVALENZEN:  (D(NM**2/2+1),EV(1)),(D(NM**2+1),E(1))
      ........ Einlesen von  N,C,IM,EWC
      FEA   = Ø
      EV    = 1
      IVER  = Ø
      KINV  = Ø
      EPSEA = Ø
      EPSER = Ø
C BALANCIERUNG DER URSPRUNGSMATRIX
      CALL  CBAL (NM,C,C,B,D,E(1,12),E)
C GENAUIGKEITSUNTERSUCHUNG - FESTLEGUNG VON ABBRUCHSCHRANKEN
      CALL  CEPSI (E(1,12))
C TRANSFORMATION AUF HESSENBERGGESTALT
      CALL  CHES (NM,E,E(1,5),E(1,9),D)
C RUECKFUEHRUNG AUF EINFACHE GENAUIGKEIT
      CALL  CKURZ (NM,D,C)
C SCALIERUNG DER EIGENWERTNAEHERUNGEN ENTSPRECHEND DER SCALIERUNG
C IM MODUL RBAL UND BELEGUNG DES MARKIERUNGSVEKTORS
      DO  1  I = IM,N
    1 E(I,11) = Ø
      DO  2  I = 1,IM
      EWC(I) = EWC(I)/SCALE
    2 E(I,11) = 1
C VERBESSERUNG DER EIGENWERTE UND BERECHNUNG DER EIGENVEKTOREN
    3 J = KINV + 1
      CALL  CVORIT (NM,C,B,EWC,E(1,1),EV(1,J),E,E(1,3),E(1,5))
      IF (INV .NE. Ø)  GOTO  3
C RUECKTRANSFORMATION DER EIGENWERTE UND EIGENVEKTOREN
      CALL  CRETRA (NM,C,EV,E(1,9),E(1,11))
      CALL  CREBAL (NM,EV,EV,EWC,E(1,11),E(1,12))
      ........ Ausgabe der Ergebnisse oder Weiterarbeit
```

Zur Illustration folgen jetzt einige Abarbeitungszeiten für die Aufgabenstellungen

I. Berechnung aller Eigenwerte,

II. Berechnung aller Eigenwerte und der zugehörigen Eigenvektoren,

III. Berechnung aller Eigenwerte und zu den fünf betragskleinsten Berechnung der Eigenvektoren,

IV. Verbesserung zweier Näherungseigenwerte und

V. Berechnung von Eigenwerten aus einem Intervall (Kreis) und der zugehörigen Eigenvektoren für

A. symmetrisch tridiagonale, B. allgemein symmetrische und C. allgemein reelle Matrizen der Dimensionen N = 70, 80 und 100. Die Tabellen enthalten jeweils zwei Zeitangaben (Minuten:Sekunden): die von der Zentraleinheit benötigte Zeit (CPU) und die benötigte Gesamtrechenzeit einschließlich des Aufrufs des Programmsystems MEIWEP (CALL).

A:

	N = 70		N = 80		N = 100	
	CPU	CALL	CPU	CALL	CPU	CALL
I	2,28	59,82	2,80	1:26,44	4,06	24,36
II	16,76	1:06,26	24,38	1:04,06	45,74	1:05,26
III	2,72	56,18	3,46	1:17,14	4,84	24,34
IV	0,80	21,62	0,80	21,14	1,04	19,32
V	0,88	21,48	1,28	51,00	1,44	1:06,22

B:

	N = 70		N = 80		N = 100	
	CPU	CALL	CPU	CALL	CPU	CALL
I	11,44	1:05,64	14,52	52,88	25,22	53,64
II	1:05,58	1:45,20	1:33,38	2:15,34	2:57,76	3:27,30
III	12,62	51,78	16,76	50,84	28,30	55,94
IV	9,40	15,52	12,62	43,84	22,88	52,02
V	7,94	42,62	14,66	36,14	26,46	57,00

C:

	N = 70		N = 80		N = 100	
	CPU	CALL	CPU	CALL	CPU	CALL
I	37,90	2:04,86	51,94	1:22,50	1:32,66	2:00,92
II	1:18,26	4:24,48	1:53,06	2:28,70	3:20,82	3:48,98
III	41,70	2:24,68	57,90	1:26,42	1:41,24	2:10,28
IV	24,62	47,70	36,46	1:22,96	55,96	1:33,30
V	31,38	1:01,80	1:17,12	2:01,72	1:22,76	2:02,38

Die hier zusammengestellten Beispiele repräsentieren einige wesentliche Aufgabenstellungen des speziellen Matrixeigenwertproblems und ihre Lösung mit Hilfe des Programmsystems MEIWEP. Es sollten die unterschiedlichen Nutzungsmöglichkeiten demonstriert werden, insbesondere der damit verbundene unterschiedliche Programmieraufwand für den Nutzer. Um die Darstellung überschaubar zu halten, wurde die Nutzung als Programmpaket nur für sehr einfache Aufgabenstellungen angegeben, weil der Aufwand für kompliziertere Aufgaben sprunghaft ansteigt.

9. Quelltextbeispiele

Als Quelltextbeispiele wurden die Unterprogramme zur Balancierung und für die Inverse Iteration bei komplexer Eigenwertnäherung für reelle nichtsymmetrische Matrizen ausgewählt, weil diese zu den Programmen gehören, die wesentlich von den in EISPACK veröffentlichten FORTRAN-Texten abweichen.

```
        SUBROUTINE  RBAL(NM,A,X,D,DIAGON,HV)
        COMMON /STEUER/ N,M1(13),LOW,UPP,M2(14),ANORM,M3(8),SCALE
        EQUIVALENCE (LOW,K),(UPP,L)
        REAL*4  A(NM,1), X(NM,1), DIAGON(1), HV(1)
        REAL*8  D(NM,1), DF
        LOGICAL  LOG
        K = 1
        L = N
        GOTO  6
C  ---- SPALTEN- UND ZEILENTAUSCH ----
      1 DIAGON(M) = J
        IF  (J .EQ. M)  GOTO  4
        DO  2  I = 1,L
          F = A(I,J)
          A(I,J) = A(I,M)
      2 A(I,M) = F
        DO  3  I = K,N
          F = A(J,I)
          A(J,I) = A(M,I)
      3 A(M,I) = F
      4 IF  (LOG)  GOTO  9
C  ---- UNTERSUCHUNG DER ZEILEN  AUF ISOLIERTE EW ----
        IF  (L .EQ. 1)  GOTO  24
        L = L - 1
      6 DO  8  JJ = 1,L
        J = L + 1 - JJ
        DO  7  I = 1,L
```

```
        IF  (I .EQ. J)  GOTO  7
        IF  (A(J,I) .NE. 0.0)  GOTO  8
    7 CONTINUE
      M = L
      LOG = .FALSE.
      GOTO  1
    8 CONTINUE
      GOTO  10
C  ---- UNTERSUCHUNG DER SPALTEN AUF ISOLIERTE EW ----
    9 K = K + 1
   10 DO  12  J = K,L
        DO  11  I = K,L
          IF  (I .EQ. J)  GOTO  11
          IF  (A(I,J) .NE. 0.0)  GOTO  12
   11   CONTINUE
        M = K
        LOG = .TRUE.
        GOTO  1
   12 CONTINUE
C  ---- BESTIMMUNG DER DIAGONALMATRIX ----
      DO  13  I = K,L
        DIAGON(I) = 1.0
        DO  13  J = K,L
          F = A(I,J)
   13 X(I,J) = F * F
   14 LOG = .FALSE.
      DO  16  I = K,L
        C = 0.0
        R = 0.0
        DO  15  J = K,L
          IF  (J .EQ. I)  GOTO  15
          G = DIAGON(J)
          C = C + X(J,I)/G
          R = R + X(I,J) * G
   15   CONTINUE
        F = SQRT(R/C)
        G = DIAGON(I)
        DIAGON(I) = F
        F = C * F + R/F
        G = C * G + R/G
   16 IF  (F .LT. 0.95 * G)  LOG = .TRUE.
      IF  (LOG)  GOTO  14
      DO  17  I = 1,K
```

```
   17 HV(I) = 1.0
      DO  18  I = L,N
   18 HV(I) = 1.0
      DO  19  I = K,L
        F = SQRT( DIAGON(I) )
        DIAGON(I) = F
   19 HV(I) = F
C  ---- BALANCIERUNG ----
      DO  20  JJ = 1,N
        J = N + 1 - JJ
        DF = HV(J)
        DO  20  II = 1,N
          I = N + 1 - II
   20 D(I,J) = A(I,J) * DF/HV(I)
C  ---- BERECHNUNG DER NORM ----
      F = 0.0
      G = 0.0
      DO  22  I = K,L
        C = 0.0
        R = 0.0
        DO  21  J = K,L
          C = C + DABS( D(J,I) )
   21   R = R + DABS( D(I,J) )
        IF  (C .GT. F)  F = C
   22 IF  (R .GT. G)  G = R
      ANORM = SQRT(F * G)
C  ---- SKALIERUNG ----
      F = UFEX(ANORM)
      ANORM = ANORM * F
      SCALE =  1.D0/F
      DF = F
      DO  23  I = 1,N
        DO  23  J = 1,N
   23 D(I,J) = D(I,J) * DF
   24 RETURN
      END

      SUBROUTINE  INVITC( NM,H,R,EW,DEF,X,X1,QC,QS,ALF)
      REAL*4  H(NM,1), R(NM,1), QC(1), QS(1), ALF(1)
      REAL*8  B,B1,RN,RN1,SI,SI1,SKR,SKI,T(2),CR,CI,CD(2)
      COMPLEX*16  C, SK
      COMPLEX  X(1), X1(1), EW, EW1
      EQUIVALENCE  (SK,SKR,T(1)),(SKI,T(2)),(C,CR,CD),(CI,CD(2))
```

```
      DATA  SCH / Z 3B 100 000 /
      COMMON /STEUER/ N,LEER1(12),IP,LEER2(2),IERR,LEER3(12),ANORM,
     1                LEER4(6),GEN2
      B = 1.D0
      SIK = GEN2 * GEN2
      CALL  QRZUC(NM,H,R,EW,QS,QC,ALF)
      DO  14  I = 1,N
   14 IF  (R(I,I) .EQ. 0.0)  R(I,I) = SCH
      K = 0
   12 CONTINUE
      DO  2  I = 1,N
    2 X1(I) = X(I)
      RN = CABS(EW) + ANORM
      RN = RN * RN
    1 CONTINUE
    4 CALL  QMULC(X,QS,QC,ALF)
      CALL  INMOC(NM,R,X,TN)
      K = K + 1
      IF  (K  .GT.  100)  GOTO  20
      B1 = B
      SK = (0.0,0.0)
      B = 0.0
      DO  3  I = 1,N
        C = X(I)
        B = B + CR * CR + CI * CI
        SK = SK + DCONJG(C) * X1(I)
    3 X1(I) = X(I)
      RN1 = RN
      RN = TN * TN * B1/B
      SI = 1.D0 - (SKR ** 2 + SKI ** 2)/B1/B
      EW1 = EW + TN * SK/B
      IF  (SI .GE. 1.D-3)  GOTO  4
      SI = SI * RN
      IF  (SI .LE. SIK)  GOTO  9
      IF  (RN .GT. RN1 * 0.95)  GOTO  5
      GOTO  1
    5 CONTINUE
      DEF = DSQRT(DABS(SI))
      EW = EW1
      RETURN
      END
```

```
      SUBROUTINE  QRZUC (NM,H,R,EW,S,C,ALF)
      REAL  H(NM,1), R(NM,1), S(1), C(1), MACHEP
      REAL*8  SS,CC,T,SD,BHD,HDR,HDI,HDD(2),EPS,CZR,CZI,CZZ(2)
      COMPLEX  ALF(1), EW
      COMPLEX*16  HD, ALFA, CZ
      EQUIVALENCE (HD,HDD),(HDR,HDD),(HDI,HDD(2)),
     1            (CZR,CZZ,CZ),(CZZ(2))CZI)
      COMMON /STEUER/ N,LEER1(29),ANORM, LEER2(5),MACHEP
      EPS = MACHEP * ANORM
      N1 = N - 1
      DO  1  I = 2,N
    1 ALF(I) = CMPLX(H(1,I),0.0)
      ALF(1) = H(1,1) - EW
      DO 2  K = 1,N1
        K1 = K + 1
        HD = ALF(K)
        SD = H(K1,K)
        BHD = HDR * HDR + HDI * HDI
        T = DSQRT(BHD + SD * SD)
        BHD = DSQRT(BHD)
        IF  (DABS(SD) .LT. EPS)  GOTO 3
        IF  (BHD .LT. EPS)  GOTO 4
        SS = DABS(SD)/T
        CC = BHD/T
        ALFA = - ALFA
        T = - T
        GOTO  5
    3   SS = 0.DO
        CC = 1.DO
        ALFA = DCONJG(HD/BHD)
        T = BHD
        GOTO  5
    4   CC = 0.DO
        SS = 1.DO
        ALFA = (1.DO,0.DO)
        T = SD
    5   S(K) = SS
        C(K) = CC
        ALF(K) = ALFA
        R(K,K) = T
        DO  6  I = K1,N
          SD = H(K1,I)
          CZ = ALFA * ALF(I)
```

```
      HDR = CC * CZR + SS * SD
      HDI = CC * CZI
      CZR = -SS * CZR + CC * SD
      CZI = -SS * CZI
      IF  (I .GT. K1)  GOTO  7
      HD = HD - SS * EW
      CZ = CZ - CC * EW
7     R(K,I) = HDR
      R(I,K) = HDI
      IF  (DABS(CZR) .LT. 1.D-20)  CZR = 0.DO
      IF  (DABS(CZI) .LT. 1.D-20)  CZI = 0.DO
6   ALF(I) = CZ
2 CONTINUE
  HD = ALF(N)
  BHD = HDR * HXR + HDI * HDI
  BHC = DSQRT(BHD)
  R(N,N) = BHD
  ALF(N) = DCMPLX(HDR/BHD, -HDI/BHD)
  RETURN
  END

  SUBROUTINE  QMULC (X,S,C,ALF)
  COMMON /STEUER/ N
  COMPLEX  X(1), ALF(1)
  REAL  S(1), C(1)
  REYL*8  T(2),BR,BI
  COMPLEX*16  A, B
  EQUIVALENCE  (B,BR,T(1)), (BI,T(2))
  N1 = N - 1
  B = X(1)
  DO  1  I = 1,N1
    CC = C(I)
    SS = S(I)
    A = X(I+1)
    B = B * ALF(I)
    X(I) = CC * B + SS * A
    B = -SS * B + CC * A
    IF  (DABS(BR)  .LT.  1.D-20)  BR = 0.DO
1 IF  (DABS(BI)  .LT.  1.D-20)  BI = 0.DO
  X(N) = B * ALF(N)
  RETURN
  END
```

```
      SUBROUTINE  INMOC (NM,R,X,EM)
      REAL  R(NM,1)
      COMPLEX  X(1)
      COMMON /STEUER/  N
      COMPLEX*16  S,C
      REAL*8  SR, SI, SD(2)
      EQUIVALENCE  (S,SR), (S,SD), (SI,SD(2))
      EM = 1.
      DO  1  I = 1,N
        IF  (R(I,I)  .EQ.  0.)  GOTO  2
    1 CONTINUE
      NE = N
      GOTO  3
    2 NE = I - 1
      DO  4  J = I,N
    4 X(J) = (0.,0.)
      IF  (NE  .EQ.  0)  GOTO  10
      DO  5  J = 1,NE
    5 X(J) = CMPLX(-R(J,I),-R(I,J))
    3 NE1 = NE + 1
      DO  6  KK = 1,NE
        K = NE1 - KK
        K1 = K + 1
        S = (0.D0,0.D0)
        IF  (K1  .GT.  NE)  GOTO  7
        DO  8  I = K1,NE
          C = CMPLX(R(K,I),R(I,K))
    8   S = S + C * X(I)
    7   S = (X(K) * EM - S)/R(K,K)
        UM = DABS(SR) + DABS(SI)
        IF  (UM  .LE.  1.)  GOTO  9
        UM  = UFEX(UM)
        S = S * UM
        EM = EM * UM
        DO  11  I = K1,NE
   11   X(I) = X(I) * UM
    9   X(K) = S
    6 CONTINUE
   10 IF  (NE  .LT.  N)  X(NE+1) = EM
      DO  12  I = 1,N
   12 IF  (REAL(X(I))**2 + AIMAG(X(I))**2 .LT. 1.E-20)  X(I) = (0.,0.)
      RETURN
      END
```

10. Bemerkungen zu weiteren Entwicklungen

Das vorliegende Heft gibt den aktuellen Stand der Realisierung und der Nutzungsmöglichkeiten des Programmsystems MEIWEP wieder. Der Aufbau und die Struktur des Programmsystems sind so angelegt, daß es jederzeit an neue Erkenntnisse oder zusätzliche Nutzerforderungen angepaßt werden kann, ohne daß ein unverhältnismäßig hoher Aufwand entsteht.

Es ist vorgesehen, für die Aufgabenstellung "Berechnung aller Eigenwerte, deren Realteil größer oder kleiner als eine gegebene reelle Zahl ist" noch eine spezielle Lösungsvariante in das Programmsystem einzufügen. Spezielle Algorithmen für Bandmatrizen in das Programmsystem aufzunehmen und ein Übergang zur Lösung allgemeiner Eigenwertprobleme im Rahmen des Programmsystems für Matrizen mittlerer Dimension ist für die nächste Zeit nicht geplant, wie dies in EISPACK 20 enthalten ist.

An der Sektion Mathematik der Technischen Hochschule Karl-Marx-Stadt wird zur Zeit ein Programmsystem entwickelt, das der Lösung von Matrixeigenwertproblemen mit spezieller Aufgabenstellung dienen soll. Es bearbeitet großdimensionierte schwach besetzte Matrizen, die sich beispielsweise bei der Lösung dynamischer Probleme der Festkörpermechanik mit Hilfe der Methode der Finiten Elemente ergeben. Für solche symmetrischen Matrizen wird das allgemeine Eigenwertproblem gelöst, und zwar in der Weise, daß die k kleinsten Eigenwerte und die zugehörigen Eigenvektoren berechnet werden. Die dabei verwendeten Verfahren sind Simultane Vektoriteration, Simultane Koordinatenrelaxation und eine neue Variante des Gradientenverfahrens zur simultanen Berechnung von kleinsten Eigenwerten. Besonderes Augenmerk wird auf eine günstige Speicherform der Matrizen gelegt, um möglichst niedrige Datenübertragungszeiten zwischen externem und internem Speicher zu erreichen. Diese günstige Speicherform wird selbständig vom Programmsystem, in Abhängigkeit von der gegebenen Struktur der Matrizen, hergestellt. An die Speicherform des Nutzers werden keine besonderen Forderungen gestellt. Die oben genannten Verfahren zur Berechnung von k kleinsten bzw. größten Eigenwerten eines allgemeinen Eigenwertproblems

$$(A - \lambda B)x = 0,$$

wobei A und B symmetrische Matrizen sind, von denen eine positiv definit ist, liegen bereits vor und können genutzt werden.

Literaturverzeichnis

[1] Döhler, B.: Die Berechnung von Eigenvektoren zu dicht benachbarten Eigenwerten symmetrischer Matrizen, in 4 , 3 - 16.

[2] Francis, J.G.F.: The QR-Transformation, Part I, Comp.J. 4(1961), 265 - 271, Part II, Comp.J. 4(1962) 332 - 345.

[3] Heigl. F.: Neuere Entwicklungen in der Geometrie der Polynome, Jahresbericht der DMV 65(1962) 97 - 142.

[4] Lang, W.: Matrizeneigenwertproblem, Wiss. Schriftenreihe der TH Karl-Marx-Stadt (1979).

[5] Lang, W.: Möglichkeiten der automatisierten Lösung des Matrixeigenwertproblems, Dissertation B an der TH Karl-Marx-Stadt (1979).

[6] Lang, W., Meyer, A. u. a.: Dokumentation zum Programmsystem MEIWEP, Teil 1, Dokumentation des Gesamtsystems (1978), Teil 2, Dokumentation der Moduln (internes Material), (1979).

[7] Meyer, A.: Einschließung des Spektrums und die Berechnung einiger Eigenwerte und Eigenvektoren beliebiger quadratischer Matrizen, Dissertation A an der TH Karl-Marx-Stadt (1979).

[8] Meyer, A.: Fehlerabschätzungen und Fehlerbehandlung im Programmsystem MEIWEP, WBZ der TUD, Math.Kyb. und Rechentechn., Vorträge zur Math. Verfahrenstechnik, Heft 36 (1979), 49 - 53.

[9] Murnaghan, F.D., Winter, A.: A canonical form for real matrices under orthogonal transformation, Proc.NAS 17( ), 417 - 420.

[10] Osborne, E.E.: On pre-conditioning of matrices, J.Ass.Compl.Mach. 7(1960), 338 - 345.

[11] Parlett, B.N., Reinsch, C.: Balancing a Matrix for Calculation of Eigenvalues and Eigenvektors, Num. Math. 13(1969), 293 - 304.

[12] Poole, G., Boullion, Th.: A Survey on M-Matrices, SIAM Reviews 16, Nr. 4(1974), 419 - 427.

[13] Ris, F.N.: Computing Rigorous Upper Bounds of Spectral Radii of Non Negativ Matrices, Inform. Proc. 74, North-Holland Publ.Comp. (1974), 532 - 536.

[14] Skurt, L.: Ein möglichst schnelles Verfahren zur Berechnung des Spektralradius einer nichtnegativen Matrix, Diplomarbeit an der Sektion Mathematik der TH Karl-Marx-Stadt, (1978).

[15] Smith, B.T., Boyle, J.M. u. a.: Matrix Eigensystem Routines - EISPACK Guide, Lecture Notes in Comp.Science 6, Springer-Verlag, Berlin-Heidelberg-NewYork (1974).

[16] Sommer, J.-P.: Eine Modifikation des QR-Algorithmus zur Verbesserung vorgegebener Eigenwertnäherungen bei allgemeinen reellen quadratischen Matrizen, Dissertation A an der TH Karl-Marx-Stadt (1979).

[17] Воеводин, В.В.,Волович, В.М.: Решение полной проблемы собственных значений для симметричной трехдиагональпой матрицы методам бисекции и обратной итерации, Выч. Мат. и Прогр. 22

[18] Wilkinson, J.H.: The algebraic Eigenvalue Problem, Claredon Press, Oxford (1965).

[19] Wilkinson, J.H., Reinsch, C.: Handbook for automatic Computation, Vol. II, Linear Algebra, Springer-Verlag Berlin-Heidelberg-NewYork (1971).

[20] Garbow, B.S., Boyle, I.M. u. a.: Matrix Eigensystem Routines-EISPACK Guide Extension, Lecture Notes in Comp. Science 51, Springer-Verlag Berlin-Heidolberg-NewYork, (1977).

A N H Ä N G E

A. BERND DÖHLER

Die Berechnung von Eigenvektoren zu dicht benachbarten Eigenwerten symmetrischer Matrizen

0. Einleitung

Für eine symmetrische Matrix sollen zu einer gegebenen Menge von Eigenwerten die zugehörigen Eigenvektoren berechnet werden. Eines der effektivsten und am häufigsten angewendeten Verfahren zur Lösung dieser Aufgabe ist die inverse Vektoriteration, die im ersten Abschnitt kurz dargelegt wird. Liegen relativ genaue Eigenwertnäherungen zu gut getrennten Eigenwerten vor, genügen selbst bei einer schlecht gewählten Anfangsnäherung für den Eigenvektor wenige Iterationsschritte dieses Verfahrens, um eine hinreichend gute Eigenvektornäherung zu erhalten. Bei dicht benachbarten Eigenwerten kann dagegen durch eine günstige Wahl des Startvektors die im allgemeinen ansteigende Iterationszahl wesentlich verringert werden.
Das Verfahren der Pseudostöriteration nach GAWURIN [2,3] bietet die Möglichkeit, den Eigenvektor eines selbstadjungierten Operators und den zugehörigen Eigenwert zu berechnen, wenn für den gesuchten Eigenvektor eine Näherung bekannt ist. LANG [4] gab eine Modifikation des Verfahrens der Pseudostöriteration an, die eine gleichzeitige Berechnung zweier dicht benachbarter Eigenwerte und der zugehörigen Eigenvektoren gestattet. Im zweiten Abschnitt wird dieses Verfahren auf die inverse Vektoriteration übertragen.

Im dritten Abschnitt wird eine weitere Möglichkeit der gleichzeitigen Berechnung dicht benachbarter Eigenwerte für die inverse Vektoriteration angegeben, die auf der Orthogonalisierung beruht. Die durchgeführten Abschätzungen zur Konvergenz beider Verfahren zeigen ihre gute Verwendbarkeit bei dicht benachbarten Eigenwerten, wobei die orthogonale Abspaltung gegenüber dem zur Pseudostöriteration analogen Verfahren überlegen ist.

1. Inverse Vektoriteration

1.1. Bezeichnungen

Im n-dimensionalen reellen Hilbertraum R^n wird das Eigenwertproblem

$$A\varphi = \lambda\varphi \qquad (1)$$

mit der symmetrischen Matrix A betrachtet. Dann existieren n reelle Eigenwerte $\lambda_1, \lambda_2, \ldots, \lambda_n$ mit n linear unabhängigen Eigenvektoren $\varphi_1, \varphi_2, \ldots, \varphi_n$, für die bei entsprechender Normierung gilt:

$$(\varphi_i, \varphi_j) = \delta_{ij} \quad , \quad i,j = 1,\ldots,n \quad .$$

Im weiteren wird das Orthonormalsystem der Eigenvektoren als Basis im Vektorraum R^n verwendet, so daß sich jedes Element $x \in R^n$ in der Form

$$x = \sum_{i=1}^{n} \alpha_i \varphi_i$$

darstellen läßt. Die Norm ist bestimmt durch

$$\|x\|^2 = \sum_{i=1}^{n} \alpha_i^{\,2}$$

und das Skalarprodukt des Vektors x mit dem Vektor y, der bezüglich der angegebenen Basis die Koordinaten β_i besitzt, durch die Formel

$$(x,y) = \sum_{i=1}^{n} \alpha_i \beta_i .$$

Zur Konvergenzuntersuchung der Iterationsfolge von Eigenvektornäherungen werden die Orthoprojektoren P_i auf die zu φ_i gehörigen Eigenunterräume verwendet, so daß für den Vektor x gilt:

$$\|P_i x\| = \|\alpha_i \varphi_i\| = |\alpha_i|, \quad i = 1,\ldots,n \; .$$

Für einen Eigenwert der Matrix A ist eine genügend gute Eigenwertnäherung μ gegeben. Die Eigenwerte seien so numeriert, daß μ eine Näherung für λ_1 ist und die weiteren Eigenwerte entsprechend dem Abstand zu λ_1 geordnet sind, das heißt

$$|\lambda_i - \lambda_1| \leq |\lambda_{i+1} - \lambda_1| \quad \text{für } i = 1,\ldots,n-1$$

gilt. Im folgenden wird vorausgesetzt, daß λ_1 und λ_2 einfache Eigenwerte sind, d. h.

$$0 < |\lambda_2 - \lambda_1| < |\lambda_3 - \lambda_1| \; , \tag{2}$$

und μ die Bedingung

$$0 < |\lambda_1 - \mu| < \tfrac{1}{2}|\lambda_2 - \lambda_1| \tag{3}$$

erfüllt. Werden zur Abkürzung der Schreibweise für die Abstände der Eigenwertnäherung μ zu den Eigenwerten die positiven Zahlen

$$p_i = |\lambda_i - \mu| \quad , \quad i = 1,\dots,n \tag{4}$$

eingeführt, gelten unter den Voraussetzungen (2) und (3) die Ungleichungen

$$0 < p_1 < p_2 < p_3 \leq p_4 \leq \dots \leq p_n \quad .$$

Die Quotienten

$$q = p_1 p_2^{-1} \quad \text{bzw.} \quad \varepsilon = p_2 p_3^{-1} \tag{5}$$

genügen demnach den Bedingungen $q < 1$ bzw. $\varepsilon < 1$.

1.2. Konvergenz der inversen Vektoriteration

Zu der vorgegebenen Eigenwertnäherung μ soll mit dem Verfahren der inversen Vektoriteration der Eigenwert λ_1 und der zugehörige Eigenvektor φ_1 berechnet werden. Die inverse Vektoriteration entspricht der Potenzmethode mit der Matrix $(A - \mu I)^{-1}$ und wird durch die wiederholte Auflösung von Gleichungssystemen mit konstanter Koeffizientenmatrix realisiert.

Ausgangspunkt des Verfahrens ist ein Startvektor

$$x_o = \alpha\varphi_1 + \beta\varphi_2 + \sum_{i=3}^{n} \gamma_i \varphi_i = \alpha\varphi_1 + \beta\varphi_2 + r_o \quad , \tag{6}$$

wobei mit r_o der Vektor bezeichnet wurde, der durch die Anwendung des Orthoprojektors $Q = I - (P_1 + P_2)$ auf x_o entsteht. Die Iterationsfolge $\{x_k\}$ wird nach der Vorschrift $(A - \mu I)x_k = x_{k-1}$, $k = 1,2,\dots,$ gebildet, so daß $x_k = (A - \mu I)^{-k} x_o$ gilt. Unter Verwendung der Darstellung (6) für x_o ergibt sich

$$x_k = \alpha p_1^{-k} \varphi_1 + \beta p_2^{-k} \varphi_2 + r_k \text{ mit } r_k = (A - \mu I)^{-k} r_o \quad .$$

Die Norm des Vektors r_k kann wie folgt nach oben abgeschätzt werden:

$$\|r_k\| = \|\sum_{i=3}^{n} \gamma_i p_i^{-k} \varphi_i\| = (\sum_{i=3}^{n} \gamma_i^2 p_i^{-2k})^{\frac{1}{2}} \leq \|r_o\| p_3^{-k}, \quad k = 1,2,\ldots \qquad (7)$$

Für die Normen der Projektionen P_1, P_2, Q von x_k gilt:

$$\|P_1 x_k\| = |\alpha| p_1^{-k}, \quad \|P_2 x_k\| = |\beta| p_2^{-k}, \quad \|Q x_k\| \leq \|r_o\| \, p_3^{-k},$$
$$k = 1,2,\ldots \qquad (8)$$

Damit kann die Konvergenz der Folge $\{x_k\}$ gegen den Eigenvektor φ_1 durch die Abschätzungen

$$\frac{\|P_2 x_k\|}{\|P_1 x_k\|} = \frac{|\beta|}{|\alpha|} q^k = O(q^k) \qquad (9)$$

$$k = 1,2,\ldots$$

$$\frac{\|Q\, x_k\|}{\|P_1\, x_k\|} \leq \frac{\|r_o\|}{|\alpha|} \quad (q\varepsilon)^k = O((q\varepsilon)^k) \qquad (10)$$

charakterisiert werden. Offensichtlich hat eine Normierung von Vektoren der Iterationsfolge $\{x_k\}$ auf diese Abschätzungen keinen Einfluß. Ist μ eine sehr gute Näherung für den Eigenwert λ_1 und außerdem λ_1 ein gut getrennter Eigenwert, gilt $q \ll 1$, so daß selbst bei einer schlechten Startnäherung x_o wenige Iterationsschritte für die Berechnung des Eigenvektors φ_1 genügen.

Im weiteren soll sich mit dem Fall beschäftigt werden, daß λ_1 genau einen dicht benachbarten Eigenwert λ_2 besitzt, dessen Eigenvektor ebenfalls berechnet werden soll. Dann gilt $\varepsilon \ll q < 1$, so daß die Folge $\{x_k\}$ wesentlich langsamer gegen den Eigenvektor φ_1 konvergiert und für die Charakterisierung dieser Konvergenz die Abschätzung (9) entscheidend ist. Durch die Übertragung von Ergebnissen der Pseudostöriteration auf das Verfahren der inversen Vektoriteration ergibt sich hier die Möglichkeit, aus der gegen den Eigenvektor φ_1 konvergierenden Iterationsfolge auch eine gute Eigenvektornäherung für φ_2 zu bestimmen.

2. Pseudostöriteration

2.1. Grundlagen der Pseudostöriteration

Durch die Anwendung von Methoden der Störungstheorie auf die Behandlung des Eigenwertproblems selbstadjungierter Operatoren entwickelte GAWURIN [2] das im folgenden dargelegte Verfahren zur Berechnung des Eigenwertes λ_1 und des zugehörigen Eigenvektors φ_1.
Es sei der normierte Vektor x gegeben, der den Eigenvektor φ_1 genügend gut approximiert, so daß der Rayleighquotient $\hat{\mu} = (Ax,x)$ eine gute Näherung für den Eigenwert λ_1 darstellt. Als Maß für die Genauigkeit der Eigenvektornäherung x kann der Defekt $\sigma = Ax - \hat{\mu}x$ verwendet werden, der orthogonal zu x ist, d. h. $(\sigma,x) = 0$.
Entsprechend dem m-Schrittverfahren von GAWURIN ergibt sich nach der Formel

$$x' = x - \sum_{i=1}^{m} \nu^{i-1} u_i \tag{11}$$

eine verbesserte Näherung für den Eigenvektor φ_1. Dabei ist ν die betragskleinste reelle Lösung der algebraischen Gleichung

$$t + \sum_{i=1}^{m} t^{i-1}(u_i,\sigma) = 0 \quad . \tag{12}$$

Die Vektoren u_i werden sukzessiv aus den Gleichungssystemen

$$Bu_i = u_{i-1} \;, \quad (u_i,x) = 0, \qquad i = 1,\dots,m \tag{13}$$

mit $u_0 = \sigma$ berechnet, wobei die symmetrische Koeffizientenmatrix B durch

$$B = C - x\sigma^T - \sigma x^T \quad \text{mit} \quad C = A - \hat{\mu}I$$

definiert ist.
Im einfachsten Fall ergibt sich für m = 1 nach dem Einschrittverfahren als neue Näherung der Vektor

$$y' = x - u_1 \quad . \tag{14}$$

Das Zweischrittverfahren liefert die verbesserte Eigenvektornäherung

$$z' = x - u_1 - \nu u_2 \quad , \tag{15}$$

mit

$$\nu = -\frac{(u_1,\sigma)}{1+(u_2,\sigma)} \quad . \tag{16}$$

Da die Matrix B symmetrisch ist, gilt

$$(u_2,\sigma) = \|u_1\|^2 \quad \text{, und} \quad (u_3,\sigma) = (u_2,u_1) \quad ,$$

so daß zur Bestimmung des Parameters ν der Formel (15) die quadratische Gleichung

$$(u_2,u_1)t^2 + (1+\|u_1\|^2)t + (u_1,\sigma) = 0$$

verwendet werden kann. Sind ν_1 und ν_2 mit $|\nu_1| < |\nu_2|$ die zwei Lösungen dieser quadratischen Gleichung, ist

$$z'' = x - u_1 - \nu_1 u_2$$

ebenfalls eine verbesserte Eigenvektornäherung für φ_1. Wird in der Lösungsformel für ν_1 und ν_2 der Wurzelausdruck mit Hilfe der Näherungsgleichung

$$\sqrt{1+x} \approx 1 + \frac{x}{2}$$

approximiert, geht ν_1 in den ursprünglichen Parameter der Formel (16) über, und für ν_2 gilt

$$\nu_2 \approx \tilde{\nu}_2 = -\frac{1+\|u_1\|^2}{(u_1,u_2)} + \frac{(u_1,\sigma)}{1+\|u_1\|^2} \quad . \tag{17}$$

LANG [4] verwendete die Werte ν_2 und $\tilde{\nu}_2$ erstmals zur Berechnung einer Eigenvektornäherung für den Eigenvektor φ_2 zum benachbarten Eigenwert λ_2, und DÖHLER [1] bewies die Konvergenz der auf ν_2 bzw. $\tilde{\nu}_2$ beruhenden Folgen der Eigenvektornäherungen gegen φ_2.
Im dritten Abschnitt soll die Genauigkeit des Vektors

$$\tilde{s} = x - u_1 - \tilde{\nu}_2 u_2 \tag{18}$$

als Eigenvektornäherung für φ_2 abgeschätzt werden.

2.2. Beziehungen zur inversen Vektoriteration

Bei der numerischen Lösung des Eigenwertproblems für eine symmetrische Matrix A wird im allgemeinen zunächst eine Transformation auf Tridiagonalgestalt durchgeführt. Sollen vorgegebene Eigenpaarnäherungen x und u mit einem Iterationsschritt der Pseudostöriteration verbessert werden, muß die vollbesetzte Koeffizientenmatrix B berechnet und das entstehende Gleichungssystem gelöst werden, ohne die besondere Gestalt von A ausnutzen zu können. Bei der inversen Vektoriteration entfällt demgegenüber die Berechnung der Koeffizientenmatrix, und die Tridiagonalgestalt von C verringert entscheidend den Aufwand für die Lösung des Gleichungssystems. Es kann jedoch leicht gezeigt werden, daß die Berechnung der Vektoren u_1 und u_2 auf die Lösung zweier Gleichungssysteme mit der Koeffizientenmatrix C zurückgeführt werden kann.
Der Vektor x wird durch zwei Iterationsschritte der inversen Vektoriteration verbessert, indem die zwei Gleichungssysteme

$$Cy = x \quad \text{und} \quad Cz = y$$

gelöst werden. Unter Verwendung der Abkürzungen

$$a = (x,y) \ , \ b = (x,z) = \|y\|^2 \quad \text{und} \quad c = (y,z) \qquad (19)$$

gilt zwischen den Vektoren u_1 bzw. u_2 und den Vektoren x, y, z der Zusammenhang

$$u \ = x - \frac{1}{a}y \quad , \ u \ = \frac{b}{a^2}y - \frac{1}{a}z. \qquad (20)$$

Werden in den Berechnungsvorschriften (14) und (15) für die Eigenvektornäherungen y' und z' die Vektoren u_1 und u_2 durch diese Ausdrücke ersetzt, ergibt sich

$$y' = \frac{1}{a}y \quad \text{und} \quad z' = \frac{1}{b}z \, .$$

Das bedeutet, daß ein Iterationsschritt des Einschrittverfahrens bzw. des Zweischrittverfahrens von GAWURIN zur Verbesserung des Vektors x einem bzw. zwei Iterationsschritten der inversen Vektoriteration mit der Matrix $C = A - \hat{\mu}I$ äquivalent ist.
Die Formeln (20) für die Vektoren u_1 und u_2 ermöglichen erst, die Genauigkeit des Vektors $\tilde{s}$ als Eigenvektornäherung für φ_2 abzuschätzen, indem er ebenfalls auf Vektoren der inversen Vektoriteration zurück-

geführt wird. Für den Parameter $\tilde{\nu}_2$ ergibt sich unter Verwendung der Abkürzungen (19) die Darstellung

$$\tilde{\nu}_2 = -\frac{ab}{ac-b^2} - \frac{a}{b} \quad ,$$

so daß die Formel (18) für den Vektor $\tilde{s}$ in die Berechnungsvorschrift

$$\tilde{s} = \frac{2ac-b^2}{a(ac-b^2)}\, y - \frac{ac}{b(ac-b^2)}\, z$$

übergeht.

3. Eigenvektornäherung zum benachbarten Eigenwert

3.1. Genauigkeit des Vektors $\tilde{s}$ der Pseudostöriteration

Für die Abschätzung der Genauigkeit sollen die Projektoren P_1, P_2 und Q auf den Vektor $\tilde{s}$ angewendet werden. Da die Quotienten der Normen dieser Projektionen ausschlaggebend für die Konvergenz sind, kann anstelle des Vektors $\tilde{s}$ auch der parallele Vektor

$$s' = (2abc-b^3)y - a^2cz \tag{21}$$

betrachtet werden, bei dem die Bedingung $\|x\| = 1$ nicht notwendig ist, da die Normierung des Vektors x der Multiplikation des Vektors s' mit einer reellen Zahl entspricht. Aus dem Vektor x mit der Darstellung

$$x = \hat{\alpha}\varphi_1 + \hat{\beta}\varphi_2 + \hat{r}_o \tag{22}$$

wird der Rayleighquotient $\hat{\mu}$ berechnet, der wie die vorgegebene Eigenwertnäherung μ die Bedingung (3) erfüllen soll. Damit dies gesichert ist, wird vorausgesetzt, daß der Vektor x durch k Iterationsschritte der inversen Vektoriteration mit der Matrix $A - \mu I$ aus dem Startvektor x_o berechnet wurde. Für die Eigenvektornäherung x gilt dann entsprechend den Konvergenzaussagen (9) und (10)

$$\frac{\|P_2x\|}{\|P_1x\|} = \frac{|\hat{\beta}|}{|\hat{\alpha}|} = \frac{|\beta|}{|\alpha|}q^k ,$$

$$\frac{\|Qx\|}{\|P_1x\|} = \frac{\|\hat{r}_o\|}{|\hat{\alpha}|} \le \frac{\|r_o\|}{|\alpha|}(q\varepsilon)^k . \tag{23}$$

In Analogie zu den Beziehungen (4) und (5) werden die mit u gebildeten Größen mit $\hat{p}_i$ $(i = 1,\dots,n)$, $\hat{q}$ bzw. $\hat{\varepsilon}$ bezeichnet. Nach der Darstellung (22) für den Vektor x gilt für das Skalarprodukt $a = (x,y)$:

$$a = \hat{\alpha}^{\,2\hat{p}_1-1} + \hat{\beta}^{\,2\hat{p}_2-1} + (\hat{r}_0,\hat{r}_1).$$

Wird das Skalarprodukt der zwei Restvektoren $\hat{r}_0 = Qx$ und $\hat{r}_1 = Qy$ durch

$$|(\hat{r}_0,\hat{r}_1)| \leq \|\hat{r}_0\|\,\|\hat{r}_1\| \leq \|\hat{r}_0\|^{2\hat{p}_3-1}$$

abgeschätzt, läßt sich unter Verwendung der Formel (23) schließlich für a die Gleichung

$$a = \hat{\alpha}^{\,2\hat{p}_1-1}\Big(1 + \frac{\beta^2}{\alpha^2} q^{2k\hat{q}} + O((q\varepsilon)^{2k\hat{q}\hat{\varepsilon}})\Big)$$

angeben. Für die Skalarprodukte b und c werden die Beziehungen

$$b = \hat{\alpha}^{\,2\hat{p}_1-2}\Big(1 + \frac{\beta^2}{\alpha^2} q^{2k\hat{q}^2} + O((q\varepsilon)^{2k(\hat{q}\hat{\varepsilon})^2})\Big)$$

und

$$c = \hat{\alpha}^{\,2\hat{p}_1-3}\Big(1 + \frac{\beta^2}{\alpha^2} q^{2k\hat{q}^3} + O((q\varepsilon)^{2k(\hat{q}\hat{\varepsilon})^3})\Big)$$

erhalten. Mit

$$abc = \hat{\alpha}^{\,6\hat{p}_1-6}\Big(1 + \frac{\beta^2}{\alpha^2} q^{2k}(\hat{q} + \hat{q}^2 + \hat{q}^3) + O(q^{4k\hat{q}^3})\Big)$$

und

$$b^3 = \hat{\alpha}^{\,6\hat{p}_1-6}\Big(1 + 3\frac{\beta^2}{\alpha^2} q^{2k\hat{q}^2} + O(q^{4k\hat{q}^4})\Big)$$

ergeben sich für die zwei Koeffizienten in der Darstellung des Vektors s' die Ausdrücke

$$2abc-b^3 = \hat{\alpha}^{\,6\hat{p}_1-6}\Big(1 + \frac{\beta^2}{\alpha^2} q^{2k}(2\hat{q} - \hat{q}^2 + 2\hat{q}^3) + O(q^{4k\hat{q}^3})\Big),$$

$$a^2c = \hat{\alpha}^{\,6\hat{p}_1-5}\Big(1 + \frac{\beta^2}{\alpha^2} q^{2k}(2\hat{q} + \hat{q}^3) + O(q^{4k\hat{q}^2})\Big).$$

Für die Norm des Vektors, der durch die Anwendung des Orthoprojektors P_1 auf s' entsteht, gilt:

$$\|P_1 s'\| = |\hat{\alpha}|^{7\hat{p}_1-7}\Big|\frac{\beta^2}{\alpha^2} q^{2k}(\hat{q}^3 - \hat{q}^2) + O(q^{4k\hat{q}^2})\Big| = |\hat{\alpha}|^{7}\frac{\beta^2}{\alpha^2}\hat{p}_1^{-7} q^{2k\hat{q}^2}|1-\hat{q}+O(q^{4k})|.$$

Bezüglich der Projektion auf den Eigenunterraum des Eigenvektors φ_2 werden folgende Gleichungen erhalten:

$$\|P_2 s'\| = \hat{\alpha}^6 |\hat{\beta}| \hat{p}_1^{-7} |\hat{q} - \hat{q}^2 + O(q^{2k}\hat{q}^2)| = |\hat{\alpha}|^7 \frac{|\beta|}{|\alpha|} \hat{p}_1^{-7} q^k \hat{q} |1 - \hat{q} + O(q^{2k}\hat{q})| \;.$$

Wird für die Abschätzung von $\|Qs'\|$ die Schwarzsche Ungleichung verwendet, ergibt sich für die Projektion in den Restraum

$$\|Qs'\| \leq \hat{\alpha}^6 \|\hat{r}_o\| \hat{p}_1^{-7} |\hat{q}\hat{\varepsilon} + (\hat{q}\hat{\varepsilon})^2 + O(q^{2k}\hat{q}^2\hat{\varepsilon})|$$

$$\leq |\alpha|^7 \frac{\|r_o\|}{|\alpha|} \hat{p}_1^{-7} q^k \varepsilon^k \hat{q}\hat{\varepsilon} \; |1 + \hat{q}\hat{\varepsilon} + O(q^{2k}\hat{q})| \;.$$

Somit folgen schließlich für die Genauigkeit des Vektors s' als Näherung des Eigenvektors φ_2 die Abschätzungen

$$\frac{\|P_1 s'\|}{\|P_2 s'\|} = \frac{|\beta|}{|\alpha|} q^k \hat{q} |1 + O(q^{2k})| = O(q^k \hat{q}),$$

$$\frac{\|Qs'\|}{\|P_2 s'\|} \leq \frac{\|r_o\|}{|\beta|} \varepsilon^k \hat{\varepsilon} |1 + O(\hat{q})| = O(\varepsilon^k \hat{\varepsilon}) \qquad (24)$$

Der Quotient $\|P_1 s'\| / \|P_2 s'\|$ ist bis auf den Faktor $1+O(q^{2k})$ gleich der Größe $\|P_2 y\| / \|P_1 y\|$. Da auch für den Vektor s' bei dicht benachbarten Eigenwerten die erste Abschätzung für die Konvergenz bestimmend ist, folgt daraus, daß die Genauigkeit des Vektors s' als Approximation des Eigenvektors φ_2 der Genauigkeit von y als Eigenvektornäherung für φ_1 äquivalent ist. Damit besteht die Möglichkeit, mit dem Vektor s' eine gute Näherung für den Eigenvektor φ_2 zu bestimmen. In der Praxis wurden mit der Verwendung von s' als Startnäherung der inversen Vektoriteration zur Ermittlung des Vektors φ_2 gute Ergebnisse erzielt.

Die Berechnung des Ausgangsvektors x mit der inversen Vektoriteration wird durch eine einmalige Faktorisierung der Matrix $A - \hat{\mu}I$ und der wiederholten Lösung von Gleichungssystemen mit dieser faktorisierten Matrix realisiert. Der wesentliche Aufwand für die Berechnung des Vektors s' besteht in der darauffolgenden Faktorisierung der Matrix $A - \hat{\mu}I$ und der Lösung zweier Gleichungssysteme mit dieser Matrix. Gleichzeitig wird durch die Berechnung des Vektors z die Eigenvektornäherung für φ_1 weiter verbessert.

3.2. Genauigkeit des Vektors, der durch orthogonale Abspaltung entsteht

Bei der Berechnung des Vektors s' als Näherung für den Eigenvektor φ_2 wird eine Linearkombination der Vektoren y und z gebildet, die den Eigenvektor φ_1 approximieren. Da die Eigenvektoren φ_1 und φ_2 orthogonal sind, ist somit der Vektor s' fast orthogonal zum Vektor z, und es liegt die Idee nahe, anstelle von s' den einfacheren Vektor

$$s = dy - cz \tag{25}$$

zu betrachten. Mit d = (z,z) und dem bereits definierten Skalarprodukt c = (y,z) entspricht diese Formel der Orthogonalisierung des Vektors y bezüglich des Vektors z.

Um die Vektoren s' und s vergleichen zu können, werden unter Verwendung der Gleichung

$$d = \hat{\alpha}^2 \hat{p}_1^{-4}\left(1 + \frac{\beta^2}{\alpha^2} q^{2k} \hat{q}^4 + O((q\varepsilon)^{2k}(\hat{q}\hat{\varepsilon})^4)\right)$$

die entsprechenden Projektionen des Vektors s betrachtet. Es gelten die Beziehungen

$$\|P_1 s\| = |\hat{\alpha}|^3 \hat{p}^{-5} \frac{\beta^2}{\alpha^2} q^{2k} \hat{q}^3 \left|1 - \hat{q} + O(\varepsilon^{2k} \hat{\varepsilon}^3)\right| \quad .$$

$$\|P_2 s\| = |\hat{\alpha}|^3 \hat{p}_1^{-5} \frac{|\beta|}{|\alpha|} q^k \hat{q} \left|1 - \hat{q} + O((q\varepsilon)^{2k}(\hat{q}\hat{\varepsilon})^3)\right|$$

und

$$\|Qs\| \leq |\hat{\alpha}|^3 \hat{p}_1^{-5} \frac{\|r_0\|}{|\alpha|} (q\varepsilon)^k \hat{q}\hat{\varepsilon} \left|1 + \hat{q}\hat{\varepsilon} + O(q^{2k} \hat{q}^4)\right| \quad .$$

Für die Genauigkeit des Vektors s ergeben sich damit die Abschätzungen

$$\begin{aligned} \frac{\|P_1 s\|}{\|P_2 s\|} &= \frac{|\beta|}{|\alpha|} q^k \hat{q}^2 \left|1 + O(\varepsilon^{2k} \hat{\varepsilon}^3)\right| = O(q^k \hat{q}^2), \\ \frac{\|Qs\|}{\|P_2 s\|} &\leq \frac{\|r_0\|}{|\beta|} \varepsilon^k \hat{\varepsilon} \left|1 + O(\hat{q})\right| = O(\varepsilon^k \hat{\varepsilon}) \quad . \end{aligned} \tag{26}$$

Diese Ergebnisse bestätigen, daß der Vektor s eine sehr gute Näherung für den Eigenvektor φ_2 ist. Ein Vergleich mit den Abschätzungen (24) für den Vektor s' zeigt bezüglich der Approximationsgenauigkeit für den Eigenvektor φ_2 die Überlegenheit der Methode der orthogonalen Ab-

spaltung gegenüber der Pseudostöriteration. Bei dicht benachbarten Eigenwerten entspricht der Vektor s als Näherung des Eigenvektors φ_2 der Genauigkeit des Vektors z als Eigenvektornäherung von φ_1 .
Für die Herleitung der Abschätzungen (24) und (26) mußte nur vorausgesetzt werden, daß die Vektoren x, y und z aufeinanderfolgende Iterierte des Verfahrens der inversen Vektoriteration mit der Matrix $A - \hat{\mu}I$ sind, ohne daß $\hat{\mu}$ der Rayleighquotient des Vektors x sein muß. Falls $\hat{\mu}$ eine beliebige Eigenwertnäherung ist, die der Voraussetzung (3) genügt, stimmt der Vektor s', der formal nach der Vorschrift (21) berechnet wird, zwar nicht mehr mit dem der Pseudostöriteration überein, aber die Abschätzungen (24) und (26) behalten ihre Gültigkeit.
Folglich kann $\hat{\mu} = \mu$ gesetzt werden, so daß die nochmalige Faktorisierung einer Matrix zur Lösung weiterer Gleichungssysteme für die Berechnung einer Näherung des Eigenvektors φ_2 entfällt. Das bedeutet, daß mit dem Verfahren der inversen Vektoriteration der Eigenvektor φ_1 entsprechend der geforderten Genauigkeit berechnet wird und anschließend lediglich die zwei letzten Iterierten nach der Vorschrift (25) verknüpft werden müssen, um eine ebenso gute Näherung für den Eigenvektor φ_2 zu erhalten. In diesem Fall gilt in den Abschätzungen (24) und (26) $\hat{q} = \hat{q}$ und $\hat{\varepsilon} = \varepsilon$. Da der Vektor s durch die instabile Orthogonalisierung zweier fast paralleler Vektoren entsteht, wird diese Genauigkeit bei der numerischen Realisierung nicht vollständig erreicht. Indem der Vektor s als Startvektor der inversen Vektoriteration für die Berechnung des Eigenvektors φ_2 verwendet wird, wurden jedoch sehr gute Ergebnisse erzielt.

Literatur:

[1] DÖHLER,B., Untersuchung der praktischen Nutzbarkeit der Pseudostöriteration zur Berechnung dicht benachbarter Eigenwerte, Diplomarbeit, TH Karl-Marx-Stadt 1976.

[2] GAWURIN,M.K., Über die Methode der Pseudostörung zur Eigenwertbestimmung (russ.), J. Numer. Math. u. Math. Phys. 1 (1961), 757-770.

[3] KUHNERT,F., Die Pseudostöriteration zur Bestimmung von Eigenwerten und Eigenvektoren, Mathematische Forschungsberichte XXVI, VEB Deutscher Verlag der Wissenschaften, Berlin 1971.

[4] LANG,W., Ein Verfahren zur Berechnung dicht benachbarter Eigenwerte, Beiträge zur Num. Math. 5 (1976), 77-92.

B. ARND MEYER

Die Berechnung von Eigenwerten nichtsymmetrischer Matrizen in gegebenen Kreisen

1. Einleitung

Gegeben sei eine beliebige quadratische Matrix mit reellen Elementen (eine Verallgemeinerung des im weiteren beschriebenen Algorithmus' auf komplexe Matrizen ist möglich). Es stehe die Aufgabe, von A einige Eigenwerte und Eigenvektoren zu berechnen. Als Eigenwerte der Matrix A werden diejenigen Zahlen λ bezeichnet, mit denen sich die Gleichung

$$(A - \lambda I)\ x = 0 \tag{1.1}$$

nichttrivial lösen läßt (hierbei ist I die Einheitsmatrix und x ein Vektor des n-dimensionalen Raumes). Die Lösung x heißt dann Eigenvektor zu λ. Die $(n \times n)$-Matrix A sei von solcher Größenordnung, daß mindestens 2 volle Matrizen in einer EDVA gespeichert werden können (dies bedeutet für einen ESER-Rechner etwa $n \leq 100 \dots 200$).
In diesem Fall werden zur Lösung von Eigenwertproblemen in der Regel die modernen Transformationsalgorithmen benutzt, die A auf Dreiecks- oder Diagonalform transformieren.
Ist A eine symmetrische Matrix, wird als erstes die Tridiagonalform

$$T = Q^T A Q \tag{1.2}$$

hergestellt (die Transformationsmatrix Q ist orthogonal).
Ist A nichtsymmetrisch, beginnt man mit der Balancierung

$$B = D^{-1} A D\ , \quad D = \mathrm{diag}(d_1, \dots, d_n) \tag{1.3}$$

und transformiert B ebenfalls orthogonal auf die einfachere Hessenberggestalt

$$H = Q^T B Q \quad . \tag{1.4}$$

Die Hessenbergmatrix H hat im unteren Dreieck sämtlich Nullen mit Ausnahme der Subdiagonalen, d. h.

$$h_{ij} = 0 \quad \text{für} \quad j < i - 1.$$

Im weiteren Vorgehen zur eigentlichen Eigenwertberechnung unterscheiden sich die beiden Matrizenarten allerdings beträchtlich. Aus der Literatur (vgl. WILKINSON [5]) sind zur Lösung des teilweisen Eigenwertproblems (nur einige Eigenwerte und Eigenvektoren zu berechnen) nur im symmetrischen Fall Spezialalgorithmen (Bisection, Rationaler QR-Algorithmus) bekannt. Für das nichtsymmetrische Eigenwertproblem hat der QR-Algorithmus nach FRANCIS [1], mit dem alle Eigenwerte der Matrix H berechnet werden, einerseits sehr gute Ergebnisse gebracht, andererseits wäre es wünschenswert, nur die geforderten und nicht alle Eigenwerte berechnen zu müssen, wenn von einer Matrix recht hoher Dimension etwa nur wenige interessieren. Deshalb ist als Bestandteil des Programmsystems MEIWEP eine Spezialvariante des QR-Algorithmus' für Hessenbergmatrizen entwickelt worden, mit der es gelingt, die Eigenwerte aus gegebenen Kreisen zu berechnen. Ist die Anzahl der in diesen Kreisen liegenden Eigenwerte erheblich kleiner als n, kann gegenüber der sonst üblichen Verfahrensweise (Berechnung aller Eigenwerte) zwischer 50 und 90 % Rechenzeit gespart werden.

2. Der QR-Algorithmus

Der einfache QR-Algorithmus ist durch die folgende Matrixiterationsfolge gekennzeichnet. Mit $H_0 = H$ wird die i-te iterierte Matrix H_i in

$$H_i = Q_i R_i \tag{2.1}$$

zerlegt, wobei Q_i eine athogonale und R_i eine obere Dreiecksmatrix ist. Die nächste Iterierte wird durch die Vertauschung von Q_i und R_i

$$H_{i+1} = R_i Q_i = Q_i^T H_i Q_i \tag{2.2}$$

erhalten. Unter der Bedingung, daß bei H keine betragsgleichen aber verschiedenen Eigenwerte auftreten, konvergiert die Folge $\{H_i\}$ gegen obere Dreiecksgestalt R, die dann die Eigenwerte von H auf der Hauptdiagonalen enthält. Hat die Hessenbergmatrix H keine Null auf der Subdiagonalen, so erscheinen die Eigenwerte auf der Hauptdiagonalen von R in betragsmäßig fallender Reihenfolge (vgl. PARLETT [4]). Hessenbergmatrizen mit einer Null in der Subdiagonalen zerfallen in 2 Teilblöcke, die ohnehin einzeln mit dem QR-Algorithmus behandelt werden. Eine starke Beschleunigung der Konvergenzgeschwindigkeit und gleichzeitig die Möglichkeit, auch komplexe Eigenwerte von reellen Matrizen berechnen zu können, wird durch den FRANCIS-QR-Algorithmus erreicht. Dies ist die Abwandlung der Iterationsvorschrift in

$$(H_i - s_1^{(i)}I)\,(H_i - s_2^{(i)}I) = Q_iR_i, \qquad (2.3)$$

$$H_{i+1} = Q_i^T H_i Q_i. \qquad (2.4)$$

Hierbei sind $s_j^{(i)}$, $j = 1, 2$, die Verschiebungsparameter des i-ten Doppelschrittes. Kommt wenigstens eine der Zahlen $s_j^{(i)}$ in die Nähe eines Eigenwertes, so wird die Konvergenz gegen diesen Eigenwert sehr schnell, und es tritt eine Abspaltung in der linken unteren Ecke von H_i ein. Das heißt, die Elemente $h_{n,n-1}^{(i)}$ oder $h_{n-1,n-2}^{(i)}$ der i-ten iterierten Matrix H_i werden klein. Deshalb wählt man nach FRANCIS die Verschiebungen $s_j^{(i)}$ als die beiden Eigenwerte $\mu_j^{(i)}$, $j = 1, 2$, der rechten unteren (2 x 2)-Untermatrix

$$C_i = \begin{pmatrix} h_{n-1\,n-1}^{(i)} & h_{n-1\,n}^{(i)} \\ h_{n\,n-1}^{(i)} & h_{n\,n}^{(i)} \end{pmatrix}$$

Der Vorteil zeigt sich insbesondere bei komplexem $\mu_1^{(i)} = \overline{\mu_2^{(i)}}$, wo die Rechnung wegen (2.3) trotzdem reell bleibt. Durch die Willkürlichkeit der ersten Verschiebungen wird jedoch mit diesem Algorithmus die betragsmäßige Ordnung der Eigenwerte verloren gehen, so daß die Lösung des teilweisen Eigenwertproblems mit Hilfe eines solchen QR-Algorithmus zusätzlichen Aufwand bei der Wahl anderer Verschiebungen am Anfang benötigt.

3. Verschiebungsstrategie zur Berechnung von Eigenwerten im Kreis K(m,r)

Es sei der Kreis K(m,r) der komplexen Ebene C mit dem Mittelpunkt m und dem Radius r

$$K = K(m,r) = \{z \in C : |z - m| \leq r\}$$

gegeben. Es sind alle Eigenwerte der Matrix A gesucht, die in K liegen. Nach der Reduktion von A zur Hessenberggestalt H nach (1.3)/(1.4) wird der QR-Algorithmus (2.3)/(2.4) mit folgender Verschiebungsstrategie durchgeführt.

Von der i-ten iterierten Matrix H_i werden die "FRANCIS-Verschiebung" $\mu_j^{(i)}$, also die beiden Eigenwerte von C_i ausgerechnet.

I. Solange $\mu_j^{(i)} \notin K$ gilt, wird als Verschiebung $s_j^{(i)}$ der Kreismittelpunkt m benutzt:

$$s_j^{(i)} = m, \; j = 1, 2, \quad \text{bei m reell,}$$

$$s_1^{(i)} = \bar{s}_2^{(i)} = m \quad \text{bei m komplex.}$$

II. Sobald $\mu_1^{(i)} \in K$ oder $\mu_2^{(i)} \in K$ gilt, wird die FRANCIS-Verschiebung benutzt:

$$s_j^{(i)} = \mu_j^{(i)}, \; j = 1, 2 \; .$$

Die Konvergenz gegen die Eigenwerte aus K ist aus folgender Überlegung erkennbar:
Am Anfang sind die Eigenwerte $\mu_j^{(i)}$ von C_i irgendwelche Zahlen und werden i. a. nicht in K liegen, so daß für die ersten Iterationsschritte die Verschiebung I. Verwendung findet. Dann ist der Algorithmus identisch mit dem einfachen QR-Algorithmus (2.1)/(2.2) angewandt auf die Matrix (H - mI).
Somit konvergieren die rechts unten stehenden Hauptdiagonalelemente bzw. die Eigenwerte von C_i gegen die Eigenwerte von H, die der Zahl m am nächsten liegen. Dann wird von irgendeinem Iterationsschritt an mindestens ein Eigenwert von C_i im Kreis K liegen und die Verschiebungsstrategie II. wird wirksam. Diese besteht in der bekannten FRANCIS-Verschiebung, die eine schnelle Konvergenz gegen ein oder zwei Eigenwerte garantiert (d. h. die Elemente $h_{n,n-1}^{(i)}$ oder $h_{n-1,n-2}^{(i)}$ werden werden sehr schnell klein). Dann wird die Matrix H_i, bei der dies der Fall ist, gerändert und die Verschiebung richtet sich wieder nach der rechten unteren (2 x 2)-Untermatrix C_i der verkürzten Matrix. Somit ist erkennbar, daß die Eigenwerte aus K nacheinander abfallen werden. Notwendig ist hierbei allerdings, den Zeitpunkt zu erkennen, wann aufgehört werden kann, weil alle Eigenwerte aus K berechnet sind und die Restmatrix keine Eigenwerte im gegebenen Kreis mehr besitzt. Leider ist kein Test bekannt, der mit entsprechend geringem Aufwand die Frage beantworten kann, ob eine Matrix im gegebenen Kreis K Eigenwerte besitzt oder nicht.

In [3] wird eine Möglichkeit beschrieben, zu einer Information über die Anzahl der Eigenwerte der Ausgangsmatrix H im Kreis K zu gelangen. Ein solches Vorbereitungsverfahren muß allerdings mit sehr wenigen Operationen zum Ziel führen, weil die zu erzielende Einsparung, die

Nichtberechnung der übrigen Eigenwerte etwa eine Einsparung von mehreren n^3 Operationen entspricht.
Aus diesem Grund kommt von mehreren Möglichkeiten ein Polynomtestverfahren von $O(n^2)$ Operationen in Frage. Das nötige charakteristische Polynom kann mit $\frac{1}{6} n^3$ wesentlichen Operationen berechnet werden.

4. Die Gewinnung der Eigenwertanzahl von H im Kreis K

Es sei $f(z) = \det(zI - G)$ das charakteristische Polynom der Matrix $G = \frac{1}{r}(H - mI)$.
Dann hat $f(z)$ im Einheitskreis $\Gamma = K(0,1)$ die Nullstelle

$$\nu = \frac{1}{r}(\lambda - m),$$

wenn H im Kreis K den Eigenwert λ besitzt, weil

$$0 = \det(\lambda I - H) = \det((\lambda - m)I - (H - mI)) =$$

$$= r^n \det\left(\frac{\lambda - m}{r} I - \frac{H - mI}{r}\right) = r^n f(\nu)$$

gilt.
Zur Berechnung der Koeffizienten von $f(z)$ existieren mehrere Verfahren (vgl. WILKINSON [5]). Aus numerischen Vergleichen (s. MEYER [3]) ging stets die Transformation auf FROBENIUS-Gestalt als bestes hervor. Die notwendige Voraussetzung hierzu, daß G und somit H kein verschwindendes Subdiagonalelement besitzen dürfen, tritt im QR-Algorithmus ebenfalls auf, so daß der gesamte Algorithmus für jeden einzelnen Hauptdiagonalblock durchgeführt wird, wenn Nullen in der Subdiagonale zur Blockaufspaltung führen. Ein zu [5] analoger Algorithmus transformiert G in die Matrix

$$F = \begin{pmatrix} 0 & \cdots & 0 & -a_0 \\ 1 & \cdots & 0 & -a_1 \\ & 0 & & \vdots \\ 0 & & 1 & -a_{n-1} \end{pmatrix}$$

die sogenannte FROBENIUS-Gestalt, aus der das charakteristische Polynom

$$f(z) = \det(zI - G) = \det(zI - F) = z^n + \sum_{i=0}^{n-1} a_i z^i$$

ablesbar ist. Wegen hierbei möglicherweise auftretenden Instabilitäten muß diese Transformation mit höherer Genauigkeit durchgeführt werden, um zu garantieren, daß die berechneten Koeffizienten wenigstens im Rahmen der einfachen Genauigkeit richtig sind.

Somit ist jetzt das Polynom $f(z) = \sum_{i=0}^{n} a_i z^i$, $(a_n = 1)$

gegeben, dessen Nullstellenanzahl im Einheitskreis Γ zu bestimmen ist. Hierzu existiert das Nullstellenzählverfahren von COHN (vgl. HEIGL [2]). Es besteht aus maximal (n-1) Reduktionsschritten, wobei jeweils der Grad des Polynoms um mindestens 1 erniedrigt wird. Es soll hier der erste Reduktionsschritt von f(z) zum Polynom

$$g(z) = \sum_{i=0}^{n-1} b_i z^i$$

beschrieben werden. Hierzu sei $f^*(z)$ das Polynom

$$f^*(z) = \sum_{i=0}^{n} \bar{a}_i z^{n-i}.$$

<u>Fall 1:</u> $|a_n| < |a_0|$

Dann besitzt $g(z) = \overline{a_0}\, f(z) - a_n f^*(z)$ genausoviele Nullstellen im Einheitskreis Γ wie f(z), aber hat einen niedrigeren Grad.

<u>Fall 2:</u> $|a_0| < |a_n|$

Dann besitzt $zg(z) = \overline{a_n}\, f(z) - a_0 f^*(z)$ genausoviele Nullstellen in wie f, somit besitzt g(z) genau eine Nullstelle weniger und hat niedrigeren Grad.
Der Beweis dieser Tatsache folgt aus der Beziehung

$$f(z) = f^*(z)$$

für alle z des Randes von Γ und dem Satz von ROUCHÉ.
Die vollständigen Beweise sind in MEYER [3] dargelegt.
Zum außerdem noch möglichen Fall 3 ($|a_0| = |a_n|$) ist ebenfalls ein Reduktionsschritt bekannt (vgl. HEIGL [2]), der aber hier wegen der numerischen Seltenheit nicht besonders beschrieben wird.
In [3] wird besonders die Frage der Sicherheit dieses Zählalgorithmus betrachtet. Eine Fehleranalyse zeigt, daß ein Reduktionsschritt von f

zu g auf jeden Fall stabil sein wird (d. h. das numerisch berechnete Polynom g hat genausoviele Nullstellen in Γ wie das theoretisch zu berechnende exakte), wenn zum Beispiel die Relation

$$\varkappa < \frac{|f(z)| - M}{|f(z)| + M}$$

für alle z des Randes von Γ erfüllt ist. Hierbei sind $\varkappa$ die Konstante

$$\frac{|a_n|}{|a_o|} \quad \text{im Fall 1} \quad \text{bzw.} \quad \frac{|a_o|}{|a_n|} \quad \text{im Fall 2,}$$

ε die Maschinengenauigkeit (z. B. 16^{-5} für ESER, einfache Genauigkeit) und M die Polynomkonstante

$$M = \sum_{i=0}^{n} |a_i|$$

In den Fällen, in denen der Quotient $\varkappa$ viel kleiner als 1 ist, wird der Reduktionsschritt sicher stabil sein. Da ε eine sehr kleine Zahl ist, ist die Möglichkeit einen nichtstabilen Schritt durchzuführen an die Bedingung $\varkappa \approx 1$ und die Existenz einer randnahen Nullstelle von f gebunden, da dann $|f(z)|$ klein werden wird. In [3] sind für solche Fälle Möglichkeiten der Stabilisierung eines solchen Schrittes diskutiert.

Das Nullstellenzählverfahren bestimmt also die Anzahl der Nullstellen von f in Γ und somit die Anzahl der Eigenwerte von H im Kreis K. Diese Information wird im anschließenden QR-Algorithmus mit Verschiebungsstrategie I./II. verwendet, um die Rechnung nach Erhalten dieser Eigenwertanzahl aus K zu beenden. Eine besondere Beachtung sollte hierbei die Möglichkeit von Fehlzählungen im Nullstellenzählverfahren erfahren. Trotz der stabilisierenden Verbesserung kann die angegebene Eigenwertzahl in seltenen Beispielen um 1 bis 2 zu groß oder zu klein sein. Um zu garantieren, daß bei der Zählung mindestens die Eigenwerte von K erfaßt werden, sollte der Kreis von vornherein um etwa 10 % vergrößert werden (der QR-Algorithmus berechnet die Eigenwerte im wesentlichen von innen nach außen, so daß diejenigen aus K auch bei vergrößertem Kreis zuerst ausgerechnet werden). Sind mehr Eigenwerte vom Zählverfahren bestimmt worden als in K existieren, so kann nur durch eine Begrenzung der Iterationszahl pro Eigenwert im QR-Algorithmus die Sicherheit des Verfahrens wiederhergestellt werden. In der Praxis erwies sich eine maximale Iterationszahl von 30 als ausreichend.

5. Die Berechnung von Eigenwerten in mehreren gegebenen Kreisen

Ist nicht nur ein Kreis gegeben, in dem die Eigenwerte von H zu berechnen sind, sondern etwa die Kreise $K_1, \ldots, K_s$

$$K_i = \{z \in C \; : \; |z - m_i| \leq r_i\}, \; i = 1, \ldots, s,$$

so wird es schon bei kleinem s nicht mehr ökonomisch sein, die angegebene Verfahrensweise einfach auf jeden Kreis nacheinander anzuwenden, weil die Berechnung des charakteristischen Polynoms dann s-mal durchzuführen wäre, was sehr schnell die Operationszahl von mehreren n^3 zur Berechnung von allen Eigenwerten übersteigen kann. Durch Anwendung von Polynomtransformationen ist es möglich, die Koeffizienten des charakteristischen Polynoms nur einmal zu berechnen ($\frac{1}{6} n^3$ wesentliche Operationen) und danach nur noch wenige n^2 Operationen für das nächste charakteristische Polynom zu benötigen. So wird etwa für den Kreis K_1 das Polynom

$$f_1(z) = \det(zI - G_1) \text{ mit } G_i = \frac{1}{r_i}(H - m_iI), \; i = 1, \ldots, s$$

mit Hilfe der FROBENIUS-Transformation von G_1 berechnet. Dann sind die anderen Polynome $f_i(z) = \det(zI - G_i)$ einfach durch die Polynomtransformation

$$f_i(z) = f_1(\alpha_i z + \beta_i) \tag{5.1}$$

mit

$$\alpha_i = \frac{r_i}{r_1} \quad \text{und} \quad \beta_i = \frac{m_i - m_1}{r_1}$$

zu erhalten, weil

$$f_i(z) = \det(zI - G_i) = \left(\frac{r_1}{r_i}\right)^n \det\left(\frac{r_i}{r_1} zI - \frac{1}{r_1}(H - m_iI)\right)$$

$$= \left(\frac{r_1}{r_i}\right)^n \det((\alpha_i z+\beta_i)I - G_1) = \left(\frac{r_1}{r_i}\right)^n f_1(\alpha_i z + \beta_i)$$

gilt. Selbstverständlich kann die multiplikative Konstante $\left(\frac{r_1}{r_i}\right)^n$ weggelassen werden, so daß die Polynomtransformation (5.1) zu einem Polynom $f_i(z)$ führt, dessen Anzahl der Nullstellen in Γ mit der Anzahl der

Eigenwerte von H in K_i übereinstimmt. Eine Rundungsfehleranalyse der Transformation (5.1) zeigt allerdings, daß bei großem β_i die Fehler in f_1 sehr stark im Polynom f_i anwachsen können. Deshalb sollte als Kreis K_1 derjenige gewählt werden, der von allen s Kreisen am "zentral gelegendsten" ist, so daß dann die Zahlen β_i allesamt möglichst klein bleiben.

Literatur:

[1] FRANCIS,J.G.F., The QR-Transformation - an unitary analogue to the LR-Transformation,
I , Comp.J. 4 (1961), 265 - 271,
II, Comp.J. 4 (1962), 332 - 345.

[2] HEIGL,F., Neuere Entwicklungen in der Geometrie der Polynome, Jahresber. d. DMV 65, (1962), 97 - 142.

[3] MEYER,A., Die Einschließung des Spektrums und die Berechnung einiger Eigenwerte und Eigenvektoren beliebiger quadratischer Matrizen, Dissertation, eingereicht an der TH Karl-Marx-Stadt, 1978.

[4] PARLETT,B.N., Canonical decomposition of Hessenbergmatrices, Math. Comp. 22 (1968), 223 - 227.

[5] WILKINSON,J.H., The Algebraic Eigenvalue Problem, Claredon Press, Oxford, 1965.

C. SKURT, LOTHAR

Ein Verfahren zur Berechnung des Perron-Eigenwertes und - Vektors für nichtnegative Matrizen

0. Einleitung

Der betragsgrößte Eigenwert und der dazugehörige Eigenvektor einer Matrix mit nichtnegativen Elementen (nichtnegative Matrix) seien gesucht. Es ist möglich, dazu eine Variante der inversen Iteration zu verwenden [4], [5]. Die wesentlichsten Anwendungsgebiete nichtnegativer Matrizen liegen in der Wahrscheinlichkeitsrechnung bei der Untersuchung Markoffscher Ketten ("stochastische Matrizen") und in der Theorie der kleinen Schwingungen elastischer Systeme ("Oszillationsmatrizen") [1].

1. Theoretische Grundlagen

Es wird im Euklidischen Vektorraum R^n mit den Elementen $x = (x_1, \dots, x_n)^T$ das Eigenwertproblem

$$A\varphi = \varrho\varphi \quad , \quad \varphi \in R^n$$

mit einer nichtnegativen Matrix A betrachtet.

Eine Matrix A nennt man nichtnegativ ($A \geq 0$), wenn alle ihre Elemente nichtnegativ sind, d. h.

$$A = (a_{ij}): \quad a_{ij} \geq 0 \quad \text{für alle } i,j.$$

Analog heißt ein Vektor x nichtnegativ, wenn $x_i \geq 0$, für alle i, d. h. $x \geq 0$.

Eine quadratische Matrix B nennt man reduzibel, wenn sie durch eine Permutationsmatrix P in die folgende Form überführt werden kann

$$PBP^T = \begin{pmatrix} C & D \\ \emptyset & F \end{pmatrix} ,$$

wobei C und F quadratische Matrizen sind. Anderenfalls heißt B irreduzibel.

$B = (b_{ij})$ sei eine Matrix mit $b_{ij} \leq 0$ für alle $i \neq j$ und $b_{ii} > 0$ für alle i. Eine solche Matrix heißt M-Matrix [3], wenn sie eine der folgenden äquivalenten Bedingungen erfüllt:

(1) $B = \mu I - A$, $A \geq 0$ und $\mu > \varrho(A)$, wobei $\varrho(A)$ der Spektralradius von A ist.

(2) B^{-1} existiert und es ist $B^{-1} \geq 0$. Wenn B irreduzibel ist, gilt

$B^{-1} > 0$.

(3) Es existiert ein Vektor $x>0$, so daß $Bx>0$ gilt.

Für nichtnegative Matrizen gibt es eine Reihe von Aussagen, die hier nach Gantmacher [1] und Varga [6] zitiert werden.

Satz 1 (Perron-Frobenius): $A \geq 0$ sei eine irreduzible Matrix.
Dann gilt:

(1) A hat einen positiven reellen Eigenwert ϱ ("Perron-Eigenwert"), der gleich dem Spaktralradius $\varrho(A)$ ist.

(2) $\varrho(A)$ ist einfacher Eigenwert.

(3) Der zu $\varrho(A)$ gehörende Eigenvektor φ ("Perron-Vektor") ist positiv, $\varphi > 0$.

Weiterhin ist $\varrho(A)$ eine monoton wachsende Funktion eines jeden Matrixelements von A.
Die Spektrumseigenschaften der irreduziblen nichtnegativen Matrizen gelten in abgeschwächter Form auch für reduzible nichtnegative Matrizen, weil jede nichtnegative Matrix als Grenzwert einer Folge irreduzibler und positiver Matrizen dargestellt werden kann [1].
Bei reduziblen nichtnegativen Matrizen kann der Perron-Eigenwert mehrfach sein und sogar Null werden. Der zugehörige Eigenvektor kann Nullkomponenten enthalten, d. h. er ist nur noch nichtnegativ. $\varrho(A)$ ist eine monoton nichtfallende Funktion eines jeden Matrixelements von A.
Für die Abschätzung des Spektralradius gilt für positive Vektoren x die folgende Ungleichung

$$\min_i \frac{\sum_{j=1}^n a_{ij}x_j}{x_i} \leq \varrho(A) \leq \max_i \frac{\sum_{j=1}^n a_{ij}x_j}{x_i} . \qquad (1.1)$$

Falls A irreduzibel ist, gilt für $x \neq \varphi$ die strenge Ungleichheit.
Die folgende Spektralradiusabschätzung bildet die Grundlage dafür, daß das im Abschnitt 2 beschriebene Verfahren auch für reduzible Matrizen verwendet werden kann.
ϕ_A sei die Menge der Vektoren x, die die gleiche Nullverteilung wie der Perron-Vektor φ haben, d. h.

$$\phi_A = \{x \geq 0 : x_i \neq 0 \text{ falls } \varphi_i \neq 0\} .$$

Satz 2: Es sei $A \geq 0$ und $x \in \phi_A$, dann gilt

$$\min_{\substack{i\\x_i\neq 0}} \frac{\sum_{j=1}^n a_{ij}x_j}{x_i} \leq \varrho(A) \leq \max_{\substack{i\\x_i\neq 0}} \frac{\sum_{j=1}^n a_{ij}x_j}{x_i} . \qquad (1.2.)$$

Der Beweis dieses Satzes soll hier nicht angeführt werden (s. [5]). Für den Fall $x > 0$ gilt (1.2) nach (1.1). Bei $x \geq 0$ muß die Normalform einer reduziblen Matrix [1] betrachtet und untersucht werden, an welchen Stellen die Nullen im Eigenvektor auftreten können.

2. Berechnung des Perron-Eigenwertes

2.1. Inverse Iteration für nichtnegative Matrizen

Gegeben sei eine nichtnegative Matrix $A \geq 0$, eine Näherung $x > 0$ mit $\|x\|_\infty = 1$ für den Eigenvektor φ und eine Eigenwertnäherung $\mu > \varrho(A)$. Eine bessere obere Schranke μ' für den Eigenwert ϱ und eine bessere Näherung x' für den Eigenvektor φ wird durch Anwendung der inversen Iteration erhalten [4], die durch folgende Iterationsfolge gekennzeichnet sei:

1. Zu lösen ist das Gleichungssystem

$$(\mu I - A)y = x, \tag{2.1}$$

2. $$\mu' = \max_i \frac{1}{y_i} \sum_{j=1}^{n} a_{ij} y_j \quad \text{und} \tag{2.2}$$

3. $$x' = \frac{y}{\|y\|_\infty} . \tag{2.3}$$

Als Startwerte werden

$$x^{(o)} = (1,\dots,1)^T \quad \text{und} \quad \mu_o = \max_i \sum_{j=1}^{n} a_{ij}$$

verwendet.
Damit wird auf jeden Fall garantiert, daß $x^{(o)}$ eine Komponente in Richtung des Perron-Vektors besitzt, da der Linkseigenvektor zum Perron-Eigenwert ϱ ebenfalls nichtnegativ ist. Die Berechnung von (2.2) kann wie folgt vereinfacht werden:

$$\mu' = \max_i \left(\mu - \frac{x_i}{y_i} \right) = \mu - \min_i \frac{x_i}{y_i} . \tag{2.4}$$

Im Laufe der Iteration kann nur an solchen Stellen eine Null in y bzw. x' entstehen, an denen der Perron-Vektor eine besitzt, da $\mu I - A$ eine M-Matrix und somit regulär mit nichtnegativer Inverser ist.
Falls Komponenten von y in der Größenordnung von ε liegen, können sie nach (1.2) weggelassen werden (ε sei die Maschinengenauigkeit). Noda [2] gibt an, daß das beschriebene Verfahren für irreduzible Matrizen superlinear gegen den Perron-Eigenwert konvergiert. Bei reduziblen Matrizen kann die Konvergenzgeschwindigkeit nach Ris [4] linear werden.

2.2. Ein Abbruchkriterium für die inverse Iteration

Die Folge der oberen Schranken μ ist nach (2.4) monoton fallend, da $x \neq 0$. Stets läßt sich μ als $\mu = \varrho + \delta$ mit $\delta > 0$ und $\varrho = \varrho(A)$ darstellen. Dann gilt nach (2.1)

$$(\varrho I - A)x' = \frac{x}{\|y\|_\infty} - \delta x'.$$

Daraus folgt

$$\|(\varrho I - A)x'\|_\infty \leq \frac{1}{\|y\|_\infty} + \delta . \tag{2.5}$$

Die rechte Seite von (2.5) ist genau dann klein, wenn δ klein und $\|y\|_\infty$ groß sind.
Deshalb werden für die inverse Iteration (2.1) - (2.3) folgende zwei Abbruchkriterien gewählt:

1. $\mu - \beta \leq \varepsilon$ mit $\beta = \min\limits_i \frac{1}{x_i} \sum\limits_{j=1}^{n} a_{ij}x_j$ und (2.6)

2. $\|y\|_\infty \leq \frac{1}{\varepsilon}$. (2.7)

Mit diesem Abbruchkriterium gilt

<u>Satz 3:</u> Wenn $\mu - \beta \leq \varepsilon$, dann ist $x > 0$ exakte Lösung eines gestörten Gleichungssystems
$(\mu I - A + F)x = 0$,
und es gilt
$\|F\|_\infty \leq \varepsilon$
bei Vernachlässigung der Rundungsfehler.

Das bedeutet, daß das Eigenpaar (μ, x) das um F gestörte Eigenwertproblem exakt löst.
Für die in (2.7) erforderliche Norm von y kann eine untere Schranke angegeben werden. Aus

$$\frac{1}{\|y\|_\infty} = \|(\mu I - A)x'\|_\infty \leq \mu - \beta' \text{ mit}$$

$$\beta' = \min_i \left(\sum_{j=1}^{n} a_{ij}x_j' \right) / x_i'$$

folgt, daß die Kriterien (2.6), (2.7) durch $\mu - \beta' \leq \varepsilon$ ersetzt werden können.

2.3. Ein Gütekriterium für die Spektrumsverschiebung

Das Gleichungssystem (2.1) wird mittels Gaußalgorithmus gelöst, der in der LR-Faktorisierung der Matrix $\mu I - A$ besteht. Die Anzahl der dabei benötigten Multiplikationen und Divisionen liegt bekanntlich in der Größenordnung von $\frac{n^3}{3}$. Es wäre deshalb wünschenswert, dies nicht in jedem Iterationsschritt zu tun. Eine Möglichkeit besteht darin, unter bestimmten Umständen keine LR-Zerlegung durchzuführen, d. h. mit fester Spektrumsverschiebung zu arbeiten. Die Anzahl der Multiplikation und Divisionen pro Iterationsschritt wird dabei auf $\frac{n^2}{2}$ erniedrigt. Für den Fall, daß sich im betrachteten Iterationsschritt die Spektrumsverschiebung nicht ändert, lautet die Iterationsfolge (2.1) - (2.3) unter Verwendung von (2.4):

$$1.\ (\tilde{\mu} I - A)\, y = x, \tag{2.8}$$

$$2.\ \mu' = \tilde{\mu} - \min_i \frac{x_i}{y_i},\quad \beta' = \tilde{\mu} - \max_i \frac{x_i}{y_i} \quad \text{und} \tag{2.9}$$

$$3.\ x' = \frac{y}{\|y\|_\infty}, \tag{2.10}$$

dabei ist $\tilde{\mu}$ die Eigenwertnäherung mit der die letzte LR-Faktorisierung von $\tilde{\mu} I - A$ durchgeführt wurde.
Aus den Formeln (2.8) und (2.10) folgt

$$0 \leq \tilde{\mu} - \mu' \leq \frac{1}{\|y\|_\infty} \leq \tilde{\mu} - \beta',$$

$$0 \leq \tilde{\mu} - \mu' \leq \tilde{\mu} - \varrho \leq \tilde{\mu} - \tilde{\beta} \quad \text{und } 0 \leq \mu' - \beta' \leq \tilde{\mu} - \beta', \tag{2.11}$$

wobei $\tilde{\beta}$ die untere Eigenwertschranke ist, die zu $\tilde{\mu}$ gehört. Es gilt nun zu untersuchen, in welchen Fällen sich eine Spektrumsverschiebung lohnen wird. Wenn am Anfang der inversen Iteration $\tilde{\mu} - \tilde{\beta}$ und $\tilde{\mu} - \mu'$ relativ groß sind, dann ist zu erwarten, daß die LR-Zerlegung eine genügend hohe Konvergenzverbesserung erzielt. Anderenfalls ist es bei kleinem $\tilde{\mu} - \mu'$ unerheblich, ob mit $\tilde{\mu}$ oder mit μ' verschoben wird und die LR-Zerlegung kann eingespart werden. Ein besonderer Fall tritt in den letzten Iterationsschritten auf: $\tilde{\mu} - \tilde{\beta}$ und $\tilde{\mu} - \mu'$ sind dann relativ klein. Die Spektrumsverschiebung wird sich deshalb nur lohnen, wenn der Quotient von $\tilde{\mu} - \mu'$ und $\tilde{\mu} - \tilde{\beta}$ nahe 1 liegt. Das bedeutet, daß das Verhältnis von $\tilde{\mu} - \mu'$ zu $\tilde{\mu} - \tilde{\beta}$ als Gütekriterium für die Spektralverschiebung betrachtet werden kann.
Wegen (2.11) wird in der praktischen Realisierung das Kriterium

$$\frac{\tilde{\mu} - \mu'}{\tilde{\mu} - \tilde{\beta}} \geq K, \quad K < 1 \qquad \text{oder} \qquad \mu' \geq \mu \tag{2.12}$$

verwendet.
Bei auf der EDVA ES 1020 getesteten Beispielen wurden mit K = 0,25 gute Ergebnisse erzielt, d. h. eine durchschnittliche Rechenzeiteinsparung von 20 % bei Anwendung des Kriteriums (2.12) gegenüber einem Programm, das in jedem Iterationsschritt die LR-Zerlegung durchführt.

Literatur:

[1] Gantmacher, F.R., Matrizenrechnung, Teil II, Berlin VEB Deutscher Verlag der Wissenschaften 1959

[2] Noda, T., Note on the Computation on the Maximal Eigenvalue of a Non-Negative Irreducible Matrix, Numerische Mathematik, Bd. 7, Nr. 3, September 1970, S. 382 - 386

[3] Poole, G., Boullion, Th., A Survey on M-Matrices, Siam Review, Bd. 16, Nr. 4, Oktober 1974, S. 419 - 427

[4] Ris, F.N., Computing Rigorous Upper Bounds of the Spektral Radii of Non-Negative Matrices, Information Processing 74, North-Holland Publishing Company 1974, S. 532 - 536

[5] Skurt, L., Ein möglichst schnelles Verfahren zur Berechnung des Spektralradius' einer nichtnegativen Matrix, Diplomarbeit, TH Karl-Marx-Stadt 1978

[6] Varga, R.S., Matrix Iterative Analysis, 2. Aufl., Englewood Cliffs, New Jersey: Prentice-Hall, Inc. 1963

D. Johann-Peter Sommer

Eine Modifikation des QR-Algorithmus zur Verbesserung vorgegebener Eigenwertnäherungen bei allgemeinen reellen Matrizen

1. Der QR-Algorithmus nach Francis

Zur Berechnung des vollständigen Spektrums allgemeiner reeller Matrizen hat sich heute der QR-Algorithmus im wesentlichen durchgesetzt. Ihm liegt folgendes Prinzip zugrunde:
Ausgehend von der gegebenen quadratischen Matrix $A = A_0$ der Ordnung n wird folgender Iterationsprozeß aufgebaut:

$$A_k - s_k I = Q_k R_k \quad \text{und} \quad R_k Q_k + s_k I = A_{k+1}. \tag{1}$$

Hierbei bedeuten I die n-reihige Einheitsmatrix s_k eine Verschiebung des Spektrums, Q_k eine orthogonale und R_k eine obere Dreiecksmatrix. Die Zerlegung einer Matrix in das Produkt einer orthogonalen und einer oberen Dreiecksmatrix wird vorgenommen, indem diese mit einer geeignet ausgewählten Folge orthogonaler Spiegelungs- oder Drehungsmatrizen von links multipliziert wird, so daß spaltenweise eine obere Dreiecksmatrix entsteht. Ist die Matrix A voll besetzt, erfordert ein Iterationsschritt (1) einen Multiplikationsaufwand von $O(n^3)$; besitzt sie obere Hessenberggestalt ($a_{i,j} = 0$ für $i > j+1$), bleibt diese Struktur während der Iteration unverändert, und ein Iterationsschritt kommt mit $O(n^2)$ Multiplikationen aus. Deshalb wird zuvor meist die Hessenbergform erzeugt, wozu sich eine Householder-Transformation [7] empfiehlt. Im weiteren sei die Matrix A stets von oberer Hessenberggestalt.
Die in Formel (1) vorgenommene Zerlegung von A_k ist eindeutig bis auf den Faktor diag $(\pm 1,\dots,\pm 1)$, und die Folge A_k orthogonal ähnlicher Matrizen konvergiert, falls alle $s_k = 0$, linear gegen eine obere Dreiecksmatrix. Dabei erscheinen im allgemeinen die gesuchten Eigenwerte in geordneter Reihenfolge auf der Diagonale, die betragsgroßen links oben. Zur Verbesserung der Konvergenz benutzt man Verschiebungen s_k des Spektrums, die möglichst nahe bei einem Eigenwert liegen sollen. Wählt man einen der Eigenwerte (oder beim QR-Doppelschritt-Algorithmus beide) der in A_k rechts unten angeordneten (2,2)-Teilmatrix (Francis-Verschiebung), erreicht man asymptotisch quadratische Konvergenz bezüglich des Kleinwerdens der Subdiagonalelemente $a_{n,n-1}$ oder $a_{n-1,n-2}$. Die Möglichkeit, die Rechnung nur mit dem führenden Diagonalblock verringerter Dimension fortzusetzen, wird Deflation genannt; sie gestattet eine sukzessive Verringerung des

Aufwandes pro Iteration, bis alle Eigenwerte bestimmt sind. Durch das Benutzen von Verschiebungen ist es nicht mehr gesichert, daß die Eigenwerte in betragsmäßig wachsender Folge auf der Diagonalen rechts unten abgespalten werden können. Um komplexe Rechnung bei komplexen Verschiebungen s_k zu vermeiden, koppelte Francis [2] zwei QR-Schritte mit konjugiertkomplexen Verschiebungen und führte die Transformation implizit aus. Es gilt

$$A_1 - s\,I = Q_1R_1 \quad \text{und} \quad R_1Q_1 + s\,I = A_2,$$
$$A_2 - \bar{s}\,I = Q_2R_2 \quad \text{und} \quad R_2Q_2 + \bar{s}\,I = A_3,$$
$$A_3 = Q_2^T Q_1^T A_1 Q_1 Q_2 = Q^T A_1 Q. \tag{2}$$

Hierbei wird ausgenutzt: Die Transformationsmatrix Q in Gleichung (2) die A_1 in A_3 überführt, ist die gleiche wie der orthogonale Bestandteil in der Zerlegung der Matrix

$$B = (A_1 - s\,I)(A_1 - \bar{s}\,I) = Q\,R.$$

Die erste Spalte von Q ergibt sich aus derjenigen Spiegelung S_1, die von links auf die Matrix B angewendet, deren erste Spalte auf obere Dreiecksform bringt. Wird nun A_1 mit der Spiegelungsmatrix S_1 orthogonal transformiert, so entsteht eine Matrix mit gestörter Hessenberggestalt, weil die Positionen (3,1), (4,1) und (4,2) mit von Null verschiedenen Elementen besitzt sind. Nach Wilkinson [6] ergibt diejenige Transformationsmatrix T, die die Hessenbergform orthogonal wieder herstellt, mit der Spiegelungsmatrix S_1 von links multipliziert, gerade Q. Die entstandene Hessenbergmatrix ist dann A_3.

2. Herangehensweise bei Vorgabe von Eigenwertnäherungen

Aus dem oben kurz beschriebenen Konvergenzverhalten der QR-Iteration geht unmittelbar hervor, daß es nicht genügt, zum Abspalten eines bestimmten Eigenwertes die Verschiebungen permanent mit der gegebenen Näherung gleichzusetzen und den als nächsten abgespaltenen Eigenwert als den gesuchten zu akzeptieren. Auch wäre nur lineare, also nicht ausreichende Konvergenzgeschwindigkeit zu erwarten.
Bereits dieser Gesichtspunkt rechtfertigt das Vorschalten eines Hilfsalgorithmus zur groben Verbesserung der Eigenwertnäherungen.
Als Anlaufrechnung eignet sich ein Newton-Verfahren nicht generell, weil es nicht möglich ist, komplexe Eigenwerte anzunähern, wenn man von reellen Startnäherungen ausgeht. Diesen Nachteil besitzt das Mullersche Parabelverfahren [4] nicht: Ausgehend von der Näherung s_0 werden zwei weitere Abszissenwerte s_1 und s_2 festgelegt. Mit einem Algorithmus zur Berechnung von Determinanten (z. B. bei Hessenberg-

matrizen nach Hyman [3], vgl. Abschnitt 4) bestimmt man die Werte $p_i = |A-s_iI|$, $i = 0,1,2$. Danach sucht man die zu s_0 nächstgelegene Nullstelle der Parabel durch (s_i, p_i), $i = 0,1,2$; diese ersetzt s_0, nachdem $s_2 = s_1$ und $s_1 = s_0$ gesetzt wurde. Die Anlaufrechnung endet, sobald sich s_0 und s_1 hinreichend wenig unterscheiden. Die Konvergenz ist superlinear. Der numerische Aufwand wird im wesentlichen von der Zahl der erforderlichen Funktionswertberechnungen bestimmt; pro Determinante werden nach dem Hyman-Verfahren $n^2/2 + O(n)$ Multiplikationen bei reeller Verschiebung und doppelt so viele bei komplexen Werten s_i benötigt.

3. Die Auswirkungen schwach koppelnder Subdiagonalelemente auf den Verlauf eines QR-Schrittes

Kleine untere Nebendiagonalelemente, die aber noch nicht vernachlässigbar klein sind, beeinflussen entscheidend den Iterationsprozeß, wenn der gesuchte Eigenwert im Block oberhalb des betreffenden Subdiagonalelements angeordnet ist. Dieser Abschnitt wird die Ursache für dieses Verhalten darlegen.

Zerfällt die aktuelle Iterierte aufgrund eines vernachlässigbar kleinen Subdiagonalelements,

$$A = \begin{pmatrix} B & C \\ 0 & D \end{pmatrix}, \text{ B, D quadratisch, dim B = k,}$$

so läuft der folgende QR-Schritt in den Blöcken B und D separat ab. Liegt der gesuchte Eigenwert im oberen Block B, so wird dieser durch QR-Schritte höchstens an der Position (k,k) abgespalten werden können, jedoch nicht in der rechten unteren Ecke der Matrix A.

Ist das Element $a_{k+1,k} = \varepsilon$ noch nicht vernachlässigbar klein, so sind in der Matrix

$$\tilde{A} = \left(\begin{array}{c|c} B & C \\ \hline \quad\ \varepsilon & \\ 0 & D \end{array}\right)$$

die Blöcke B und D schwach gekoppelt. Wird die QR-Zerlegung der Matrizen $A - sI$ und $\tilde{A} - sI$ durch Multiplikation mit den Drehungsmatrizen $Q_1^T,\dots,Q_{n-1}^T$ bzw. $\tilde{Q}_1^T,\dots,\tilde{Q}_{n-1}^T$ von links vorgenommen, wobei die Multiplikation mit Q_i^T bzw. $\tilde{Q}_i^T$ eine Null an der Position (i+1,i) erzeugt, ergibt sich sofort

$$Q_1 = \tilde{Q}_1, \dots, Q_{k-1} = \tilde{Q}_{k-1}, Q_k = I.$$

Wird die Matrix $\tilde{Q}_{k-1}^T \dots \tilde{Q}_1^T(\tilde{A} - sI)$ mit $\tilde{R}^{(k-1)}$ bezeichnet, berechnet sich

$$\tilde{Q}_k^T = \begin{pmatrix} I_{k-1} & & 0 \\ & D_k & \\ 0 & & I_{n-k-1} \end{pmatrix} \text{ mit } D_k = \begin{pmatrix} c_k & s_k \\ -s_k & c_k \end{pmatrix}$$

nach folgenden Formeln:

$$c_k = \frac{\tilde{r}_{k,k}^{(k-1)}}{t_k}, \; s_k = \frac{\varepsilon}{t_k}, \quad t_k = \sqrt{\tilde{r}_{k,k}^{(k-1)\,2} + \varepsilon^2}.$$

Daraus folgt:

1. $Q_k \to I$ für $\varepsilon \to 0$.
2. $t_k = O(1)$, solange $\tilde{r}_{k,k}^{(k-1)} = O(1)$,

   $t_k = O(\varepsilon)$, wenn $\tilde{r}_{k,k}^{(k-1)} = O(\varepsilon)$.

Es läßt sich zeigen, daß

$$\tilde{r}_{kk}^{(k-1)} = \frac{|A - sI|_k}{|A - sI|_{k-1}} \cdot c_{k-1}, \tag{3}$$

wobei $|M|_k$ den k-ten Hauptminor einer Matrix M bezeichnet. Liegt der Minorquotient in (3) in der Größenordnung von 1, gilt im allgemeinen $t_k = O(1)$, $s_k = O(\varepsilon)$ und $c_k = 1 - O(\varepsilon)$; die Drehungsmatrix $\tilde{Q}_k$ unterscheidet sich nur um $O(\varepsilon)$ von der Einheitsmatrix I. Daraus folgt, daß der betrachtete QR-Schritt in beiden Blöcken fast unabhängig voneinander abläuft.

Gilt dagegen

$$\frac{|A - sI|_k}{|A - sI|_{k-1}} = O(\varepsilon),$$

folgt $t_k = O(\varepsilon)$, $s_k = O(1)$ und $c_k = O(1)$, $\tilde{Q}_k$ liegt nicht mehr nahe bei I. Der zur Verschiebung s nächstgelegene Eigenwert des Blockes B geht während des aktuellen QR-Schrittes in den unteren Teilblock über, denn es gilt für die entstehende Iterierte

$$a_{k,k-1} = s_{k-1}\, t_k, \quad a_{k,k-1} = t_k = O(\varepsilon).$$

Resultat:

Liegt der abzuspaltende Eigenwert bezüglich eines schwach koppelnden betragsmäßig kleinen Subdiagonalelements im unteren Diagonalblock, so ergeben sich während des Iterationsprozesses keine Probleme.

Im entgegengesetzten Fall kann man nicht durch geschickte Wahl der Verschiebungen s erreichen, daß eine vollständige Aufspaltung der Iterierten eintritt. Der gesuchte Eigenwert muß mit Hilfe von möglichst wenig QR-Schritten zunächst in den unteren Teilblock gelangen und anschließend dort abgespalten werden. Dazu ist die "schwache Kopplung" zu überwinden, das heißt, die Drehungsmatrix $\tilde{Q}_k$ muß sich wesentlich von der Einheitsmatrix unterscheiden. Das wiederum ist nur möglich, wenn entweder der Minorquotient in (3) oder der Wert von c_{k-1} hinreichend klein ist. Durch günstige Wahl der Verschiebung s läßt sich der Minorquotient größenordnungsmäßig beeinflussen: Legt man s möglichst nahe bei dem interessierenden Eigenwert des Blockes B fest, so wird i. a.

$$|A - sI|_k \ll |A - sI|_{k-1} \qquad (4)$$

gelten und während des folgenden QR-Schrittes die "schwache Kopplung" überwunden werden können.

Es ist aber auch möglich, daß ein größenordnungsmäßiger Abfall in der Folge der Hauptminoren $\{|A - sI|_i\}$ nicht wie in Relation (4) von i=k-1 zu i=k, sondern bereits früher eintritt. Dann kann der gesuchte Eigenwert trotz genauester Eigenwertnäherung als Verschiebung nicht in den unteren Block übertreten. Diese Situation kommt selten vor, sie muß aber unbedingt berücksichtigt werden, um nicht einen falschen Eigenwert als den gesuchten anzusehen. In einem solchen Fall sind so lange (in beiden Blöcken fast unabhängig ablaufende) QR-Schritte auszuführen, bis die Relation (4) erfüllt ist. Dazu genügt im allgemeinen bereits ein Schritt, weil sich durch die QR-Transformationen jede Zeile und jede Spalte der neuen Iterierten als Linearkombination von Zeilen und Spalten der alten ergibt und diese Umordnung wesentliche Änderungen der führenden Hauptminoren zur Folge hat. Selbstverständlich müssen geeignete Tests die Abspaltung des richtigen Eigenwertes überwachen.

4. Das Erkennen schwacher Kopplungen

Alle Tests zum Erkennen schwacher Kopplungen beruhen auf dem Berechnen aufeinanderfolgender Hauptminoren und dem größenordnungsmäßigen Vergleich.

In der Anlaufrechnung des Algorithmus wird die Eigenwertnäherung mit Hilfe des Mullerschen Parabelverfahrens verbessert. Die Determinantenwerte liefert der Hyman-Algorithmus.

Um während der QR-Iteration Informationen über vorliegende schwache Kopplungen zu erhalten, ist es nicht erforderlich, den relativ aufwendigen Hyman-Algorithmus abarbeiten zu müssen. Beim QR-Algorithmus nach (1) ergeben sich die Minorquotienten sofort aus Formel (3), denn

$$\frac{|A - sI|_k}{|A - sI|_{k-1}} = \frac{r_{k,k}^{(k-1)}}{c_{k-1}} = \frac{c_k \cdot t_k}{c_{k-1}} .$$

Auch beim impliziten Vorgehen und im Doppelschritt-QR-Algorithmus nach Francis lassen sich ähnliche Beziehungen aufstellen, die mit geringem zusätzlichen Aufwand Vergleichsgrößen für die Größenordnung der interessierenden Minorquotienten bereitstellen [5].

5. Der Näherungs-QR-Algorithmus

Auf der Grundlage der dargestellten Zusammenhänge beim Abspalten bestimmter Eigenwerte durch QR-Iterationen wurde ein Algorithmus aufgestellt und in der Sprache FORTRAN IV für ESER-Rechner implementiert. Für jede der vorgegebenen Näherungen wird nach dem jeweils nächstgelegenen Eigenwert in den Diagonalblöcken der Matrix von rechts unten nach links oben gesucht. Ist die Dimension eines Diagonalblockes kleiner oder gleich 2, stehen dessen Eigenwerte direkt bzw. nach Auflösen einer quadratischen Gleichung zur Verfügung, im anderen Fall werden solange QR-Doppelschritte ausgeführt, bis sich mindestens ein Eigenwert abspaltet oder der betreffende Block in Teilblöcke zerfällt. In jedem der Diagonalblöcke wird also ein zur Näherung nächstgelegener Eigenwert bestimmt. Aus dieser Menge wird derjenige mit dem geringsten Abstand zur Näherung markiert. Ein einmal markierter Eigenwert geht nicht mehr in den Suchprozeß zu weiteren Näherungen ein.

Vor Beginn der QR-Schritte wird die gegebene Näherung in jedem Block nach dem Mullerschen Parabelverfahren verbessert. Dabei und während der QR-Iteration werden Ausnahmesituationen, die mit dem Erscheinen schwacher Kopplungen zusammenhängen, automatisch erfaßt und berücksichtigt. Die erforderlichen Entscheidungen werden durch Untersuchung der Minorquotienten während des Hyman-Algorithmus in beiden Diagonalblöcken getroffen. Kann in einer anderen Situation die vorliegende schwache Kopplung nicht überwunden werden und wurde trotzdem ein Eigenwert abgespalten, so wird die Fortsetzung des QR-Algorithmus im gleichen Block veranlaßt.
In der Arbeit [5] wird ausführlich auf mögliche besondere Situationen und die erforderlichen Maßnahmen eingegangen.

6. Zur Leistungsfähigkeit des QR-Näherungsalgorithmus

Die Zuverlässigkeit des QR-Näherungsalgorithmus hängt von der globalen Konvergenz der Anlaufrechnung, des Mullerschen Parabelverfahrens, ab.

Darüber sind jedoch aus der Literatur (z. B. Wilkinson [6]) keine Aussagen bekannt. Testergebnisse zeigten, daß das Mullersche Parabelverfahren bei Abständen zwischen Näherung und Eigenwert von weniger als 30 % fast immer konvergiert. Je größer der Betrag des Eigenwertes, desto genauer muß die Näherung vorliegen. Dabei wirkt sich eine Überschätzung des Betrages des Eigenwertes günstiger aus als eine Unterschätzung.

Wegen der nicht generell gesicherten globalen Konvergenz eignet sich der vorgeschlagene Algorithmus beispielsweise nicht, grobe Schätzungen des Spektralradius zu verbessern oder andere unscharfe Aussagen über die Lage von Eigenwerten zu konkretisieren, sondern eher zur exakten Bestimmung von Eigenwerten, zu denen relativ gute Näherungen gegeben sind, sowie zur Untersuchung des Einflusses von Störungen in den Matrixelementen auf die Eigenwerte.
Um die Leistungsfähigkeit des QR-Näherungsalgorithmus einschätzen zu können, ist es notwendig, den Francis-Doppelschritt-QR-Algorithmus der Näherungsvariante gegenüberzustellen.
Die Wahl der Francis-Verschiebung berücksichtigt das Abspaltungsprinzip der Eigenwerte und die Struktur der gegebenen Matrix in optimaler Weise. Die ersten QR-Doppelschritte bewirken ein "Ausrichten" der Matrix bezüglich der Anordnung der Eigenwerte. Für das Abspalten der nach dem ersten folgenden Eigenwerte sind deshalb oftmals deutlich weniger QR-Iterationen erforderlich. Außerdem verringert sich der dazu benötigte numerische Aufwand durch Aufspaltung der Matrix in einzeln zu verarbeitende Blöcke und durch Deflation relativ schnell.

Ein auf QR-Iterationen beruhender Näherungsalgorithmus kann diese Zusammenhänge nicht in ähnlicher Weise ausnutzen. Er erreicht in allgemeinen bedeutende Rechenzeiteinsparungen, verliert jedoch an Effektivität:

1. je größer die Zahl vorgegebener Näherungen ist (sie sollte nicht größer als n/2 ... n/10 sein),
2. je weiter oben links in der Matrix die gesuchten Eigenwerte angeordnet sind,
3. je mehr schwache Kopplungen den Abspaltungsprozeß beeinflussen,
4. je stärker die gegebene Matrix zur Blockaufspaltung neigt,
5. je häufiger andere zusätzliche Steuerungsmaßnahmen eingeleitet werden müssen.

Vorteilhaft wirkt sich beim QR-Näherungsalgorithmus aus, daß auf Grund der Tests bezüglich schwacher Kopplungen die Berechnung aller in der Umgebung der Näherung liegenden Eigenwerte veranlaßt wird.

Auf diese Weise erhält man zusätzlich Informationen über den Charakter des gesuchten Eigenwertes.
Selbstverständlich ließe sich zur Verbesserung vorgegebener Eigenwertnäherungen auch die Methode der inversen Vektoriteration anwenden. Sie besitzt den Vorteil, daß ungünstige Näherungen die Konvergenz nur verschlechtern, i. a. aber nicht in Frage stellen. Nachteilig wirkt sich aus, daß ungünstige Startvektorwahl zur Konvergenz gegen einen anderen als den nächstgelegenen Eigenwert führen kann. Auch erhält man keine Hinweise auf mehrfache oder eng benachbarte Eigenwerte.

Die im Zusammenhang mit der Erprobung des Algorithmus durchgeführten Tests bestätigen, daß mit Hilfe von QRNAEH wesentlich effektiver als mit dem Francis-QR-Algorithmus gearbeitet werden kann und daß QR-Näherungsalgorithmus und inverse Vektoriteration zur Verbesserung vorgegebener Eigenwertnäherungen gleichermaßen empfohlen werden können. Die Auswahl sollte abhängig vom Beispiel unter Berücksichtigung der oben genannten Gesichtspunkte erfolgen.

Literatur:

[1] Dokumentation zum Programmsystem MEIWEP, Teil 1, Karl-Marx-Stadt, 1978

[2] Francis, J.G.F., The QR-Transformation - an Unitary Analogue to the LR-Transformation, I Comp. J. 4 (1961), 256 - 271, II Comp. J. 4 (1962), 332 - 345

[3] Hyman, M.A., Eigenvalues and Eigenvectors of General Matrices Twelfth National Meeting A.C.M., Houston, Texas, 1957

[4] Muller, D.E., A Method for Solving Algebraic Equations Using an Automatic Computer, Math. Tab. Wash., 10 (1956), 208 - 215

[5] Sommer, J.-P., Eine Modifikation des QR-Algorithmus zur Verbesserung vorgegebener Eigenwertnäherungen bei allgemeinen reellen quadratischen Matrizen, Dissertation, eingereicht 1978 in Karl-Marx-Stadt

[6] Wilkinson, J.H., The Algebraic Eigenvalue Problem, Claredon Press, Oxford, 1965

[7] Wilkinson, J.H., Reinsch, C., Linear Algebra, Handbook for Automatic Computation, Vol. II, Springer-Verlag Berlin-Heidelberg-New York, 1971

LITERATUR ZUR OPTIMIERUNG AUS DEM AKADEMIE-VERLAG BERLIN

Wissenschaftliche Taschenbücher, Reihe Mathematik/Physik, Band 166

LINEARE PARMETRISCHE OPTIMIERUNG

Von U. Kausmann, K. Lommatzsch, F. Nožička

1976. 160 Seiten - 22 Abb. - 47 Tab. - Kl. 8° - 8,-- M

Bestell-Nr. 761 776 1 (7166)

Aufbauend auf Kenntnisse der linearen Optimierung gibt dieses Bändchen eine Einführung in die Aussagen und Verfahren der parametrischen Optimierung. Mit der bekannten Simplextechnik werden anhand anschaulicher Beispiele die Denkweisen und das Vorgehen bei der Lösung parametrischer Aufgaben demonstriert.

Wissenschaftliche Taschenbücher, Reihe Mathematik/Physik, Band 198

DISKRETE OPTIMIERUNG

Von W. Dück

1977. 139 Seiten - 23 Abb. - 4 Tab. - kl. 8° - 8,-- M

Bestell-Nr. 762 218 1 (7198)

Für spezielle diskrete Modellstrukturen der diskreten Optimierung liegen eine Vielzahl von Lösungsverfahren vor. Der Autor versucht, diese Lösungsverfahren zu klassifizieren und ihren Einsatzbereich sowie ihre numerische Leistungsfähigkeit zu erläutern. Neben dieser Klassifikation und der numerischen Problematik werden Lösungswege für allgemeine und für spezielle Modellstrukturen beschrieben.

OPTIMIERUNG UNTER MEHREREN ZIELEN

Von W. Dück

1978. VIII, 104 Seiten - 28 Abb. - 7 Tab. - 8° - 14,50 M

Bestell-Nr. 762 220 2 (6508)

Es ist das Anliegen des Autors, zunächst allgemein den Prozeß der Zielfindung und Zielauswahl bei ökonomischen Problemstellungen zu beschreiben, ohne dabei nach einem einheitlichen Gesamtziel zu suchen. Neben dem bekannten PARETO-Kompromiß entwickelt er eine neue Kompromißtheorie, die vielfältigen ökonomischen Problemsituationen angepaßt ist. Große Beachtung wird den numerischen Methoden der linearen Vektoroptimierung geschenkt. So begründen die Darlegungen, daß Aufgaben der linearen Vektoroptimierung einen beachtlichen praktikablen Reifegrad erreicht haben.

LITERATUR ZUR OPTIMIERUNG AUS DEM AKADEMIE-VERLAG BERLIN

In unserer Reihe Mathematische Lehrbücher und Monographien

Abteilung Lehrbücher, Band XXI

THEORIE DER LINEAREN OPTIMIERUNG

Von F. Nožička, J. Guddat, H. Hollatz

1972. VIII. 378 Seiten - 17 Abb. - 16 Tab. - gr. 8° - Leinen 55,-- M

Bestell-Nr. 761 480 0 (5849)

Charakteristisch für die Darstellung in diesem Lehrbuch ist eine klare geometrische Konzeption, die sowohl theoretische Sätze und Existenzaussagen als auch die Lösungsalgorithmen dem Leser leicht verständlich macht. Probleme von Dualität, Entartung, Darstellung von Lösungsmengen und Begründung der Simplexmethode, der revidierten und dualen Simplexmethode sowie der Primal-Dual-Algorithmus sind einige Themen. Gut gewählte Beispiele vervollständigen die methodisch sehr gute Darstellung.

Abteilung Lehrbücher, Band 24

THEORIE DER LINEAREN PARAMETRISCHEN OPTIMIERUNG

Von F. Nožička, J. Guddat, H. Hollatz, B. Bank

1974. VIII. 312 Seiten - 16 Abb. - gr. 8° - Leinen 52,-- M

Bestell-Nr. 761 763 0 (6057)

Mit diesem Buch wird erstmalig eine einheitliche Theorie der linearen parametrischen Optimierung mit veränderlicher Zielfunktion und/oder veränderlichen rechten Seiten vorgelegt. Neben neun verschiedenen Klassen parametrischer Probleme sind entsprechende programmierfähige Algorithmen untersucht und dargestellt. Das Lehrbuch schließt mit seiner methodisch ausgezeichneten Darstellung an das Lehrbuch zur Theorie der linearen Optimierung derselben Autoren an.

Abteilung Monographien, Band 51

ANWENDUNGEN DER LINEAREN PARAMETRISCHEN OPTIMIERUNG

Herausgegeben von K. Lommatzsch

1979. 200 Seiten - 11 Abb.- gr. 8° - Leinen 38,-- M

Bestell-Nr. 762 471 8 (6442)

Die Wirksamkeit des qualitativ neuen Zugangs zur linearen parametrischen Optimierung von F. Nozicka wird hier dokumentiert an Themen zur Kopplung linearer Optimierungsmodelle zur quadratischen, wie zur Vektoroptimierung, an der Begründung von Optimierungsverfahren der diskreten wie der quadratischen Optimierung, an Aussagen aus der optimalen Steuertheorie. Es werden ein parametrisches Modell für das Steiner-Weber-Problem eines optimalen Standortes und eine praktische Aufgabe zur Anwendung parametrischer Aussagen angegeben.

Doz. Dr. sc. nat. Wilgard Lang

Geboren 1935. Von 1953 bis 1959 Studium der Mathematik an der Technischen Hochschule Dresden. Von 1959 bis 1960 Assistent am Institut für Reine Mathematik der TH Dresden. Von 1961 bis 1969 Systementwickler im VEB Robotron Karl-Marx-Stadt. Von 1969 bis 1972 Aspirant an der Sektion Mathematik der Technischen Hochschule Karl-Marx-Stadt. Promotion (A) 1972. Von 1972 bis 1979 Oberassistent und Forschungsgruppenleiter im Wissenschaftsbereich Numerische Mathematik an der Technischen Hochschule Karl-Marx-Stadt. 1979 Promotion (B). Seit 1979 Dozent für Numerische Mathematik an der TH Karl-Marx-Stadt.

Dipl.-Math. Bernd Döhler

Geboren 1954. Studium der Mathematik an der Technischen Hochschule Karl-Marx-Stadt von 1972 bis 1976. Seit 1976 Assistent an der Sektion Mathematik der TH Karl-Marx-Stadt.

Dr. rer. nat. Arnd Meyer

Geboren 1952. Von 1970 bis 1974 Studium der Mathematik an der Technischen Hochschule Karl-Marx-Stadt. Forschungsstudium von 1974 bis 1977. Seit 1977 Assistent an der Sektion Mathematik der TH Karl-Marx-Stadt. Promotion (A) 1979.

Dipl.-Math. Lothar Skurt

Geboren 1952. Von 1973 bis 1977 Studium der Mathematik an der Technischen Hochschule Karl-Marx-Stadt. Forschungsstudium von 1977 bis 1980. Seit 1980 Assistent an der Sektion Mathematik der TH Karl-Marx-Stadt.

Dr. rer. nat. Johann-Peter Sommer

Geboren 1951. Studium der Mathematik an der Martin-Luther-Universität Halle von 1969 bis 1973. Von 1973 bis 1980 Assistent an der Sektion Mathematik der Technischen Hochschule Karl-Marx-Stadt. Promotion (A) 1979. Seit 1980 wissenschaftlicher Mitarbeiter im Ingenieurbüro der VVB Baumwolle.

In dem vorliegenden Heft wird ein Programmsystem zur Lösung von Matrizeneigenwertproblemen vorgestellt. Die Basis dieses Programmsystems bildet eine Menge von Moduln, die der Lösung von Teilaufgaben dienen und bezüglich ihrer Programmstruktur und der Datenorganisation aufeinander abgestimmt sind.

Das Programmsystem ist zur Lösung von vollständigen und teilweisen speziellen Matrizeneigenwertproblemen mittlerer Dimension anwendbar und kann als FORTRAN-Unterprogramm aufgerufen werden.

Nach der Analyse der vom Nutzer gegebenen Aufgabenstellung wird von der Steuerung des Programmsystems eine Modulfolge aufgebaut, so daß ein Algorithmus entsteht, mit dessen Hilfe die gegebene Aufgabe stabil gelöst wird und dazu möglichst wenig Rechenzeit benötigt wird.

Im Anhang des Heftes werden einige Artikel wiedergegeben, die zu theoretischen Untersuchungen bei der Erarbeitung von Algorithmenvarianten in einem Heft der Wissenschaftlichen Schriftenreihe der TH Karl-Marx-Stadt veröffentlicht wurden.

FSC
www.fsc.org
MIX
Papier | Fördert gute Waldnutzung
FSC® C083411

Zeitfracht Medien GmbH
Ferdinand-Jühlke-Straße 7
99095 Erfurt, Deutschland
produktsicherheit@kolibri360.de